Information Literacy

情報リテラシー教科書

矢野 文彦 [監修]

Internet

Microsoft Excel

Microsoft PowerPoint

Microsoft Word

Windows 10/Office 2016
対応版

Ohmsha

執筆者一覧

矢野 文彦（監修）
　桜美林大学 総合科学系 教授、工学博士（慶応義塾大学）

耒代 誠仁（第1章担当）
　桜美林大学 総合科学系 専任講師、博士（工学）（東京農工大学）

笠見 直子（第2章担当）
　桜美林大学 非常勤講師、修士（MPhil in Education）
　（ケンブリッジ大学）

辻脇 政男（第3章担当）
　桜美林大学 非常勤講師

有田 友和（第4章担当）
　桜美林大学 総合科学系 准教授、博士（理学）（日本大学）

山本 裕子（第5章担当）
　三重大学 地域人材教育開発機構 准教授、博士（人間科学）
　（早稲田大学）

吉野 志保（第5章担当）
　桜美林大学 非常勤講師、博士（人間科学）（早稲田大学）

マンガ：井上いろは／トレンド・プロ

本書に掲載されている会社名・製品名は、一般に各社の登録商標または商標です。

本書を発行するにあたって、内容に誤りのないようできる限りの注意を払いましたが、本書の内容を適用した結果生じたこと、また、適用できなかった結果について、著者、出版社とも一切の責任を負いませんのでご了承ください。

本書は、「著作権法」によって、著作権等の権利が保護されている著作物です。本書の複製権・翻訳権・上映権・譲渡権・公衆送信権（送信可能化権を含む）は著作権者が保有しています。本書の全部または一部につき、無断で転載、複写複製、電子的装置への入力等をされると、著作権等の権利侵害となる場合があります。また、代行業者等の第三者によるスキャンやデジタル化は、たとえ個人や家庭内での利用であっても著作権法上認められておりませんので、ご注意ください。

本書の無断複写は、著作権法上の制限事項を除き、禁じられています。本書の複写複製を希望される場合は、そのつど事前に下記へ連絡して許諾を得てください。
　　　　　　　　　出版者著作権管理機構
　　（電話 03-5244-5088、FAX 03-5244-5089、e-mail: info@jcopy.or.jp）

JCOPY ＜出版者著作権管理機構 委託出版物＞

監修のことば

　二十年ほど前、コンピュータを使うためには、特別な知識と技術が必要だと考えられていました。その後のコンピュータ価格の低下、ソフトウェアの進歩やインターフェースの改良で、コンピュータが求めやすく扱いやすい道具になったことから、多くの人にとってコンピュータは身近な存在になりました。今やコンピュータは、会社での報告書作成やデータ処理といった仕事の場面、大学でのレポート・論文作成といった学業の場面での利用に限らず、年賀状や招待状の作成、ブログの公開という個人の情報発信、インターネット・ショッピングといった日常生活にも利用範囲を拡大しています。さらに、iPadに代表されるタブレット端末やスマートフォンが登場し、その利便性と使いやすさから、特に学習することなく多くの人がそれらを利用するようになっています。気軽に情報発信ができる一方で、知識がないが故に引き起こしてしまうトラブルも年々増加し続けています。

　最近、気になる報道が目につきます。それは、これだけコンピュータが普及してきているにもかかわらず、コンピュータが使えない若者が増えているとの報道です。おそらく、これはスマートフォンなどの機器で事足りると考えている若者が増えているのが原因かも知れません。確かにスマートフォンなどを使いこなせることは大切なことですが、これから社会へ巣立っていくためにも、コンピュータの知識とスキルを身に付けておくことも非常に大事です。

　この本は大学の初年度に受講するコンピュータリテラシーの教科書として書かれています。大学のコンピュータ環境はWindows 7＋Office 2010の組み合わせが現状では多いと思います。市販されているコンピュータは最新の環境となっていることが多いので、ここではWindows 10（Anniversary Update）＋Office 2016の組み合わせで説明することにしました。

　この本の特徴のひとつとして、そのベースを学生の日常生活に置くように努めていることが挙げられます。例えば、大学でコンピュータを扱う上で必要な知識だけでなく、タッチパネル対応パソコンでの用語も説明しています（第1章）。コンピュータやネットワークを利用する際、大学では情報センターなどがそれらを管理しているので、利用者はあまり意識せずに安全な状態で使えています。しかし、自宅ではそうはいきません。自宅でインターネットに接続する際に気をつけなければならない事柄（セキュリティ）や必要になる用語についてもカバーする内容になっています（第2章）。

　このような内容構成は、執筆者らがコンピュータリテラシーという科目を、十数年にわたって担当した経験からでてきたものです。高校までで情報科を履修済みの学生が増え、タイピングが早い、文書作成ができる、表計算をしたことがある、またはプレゼンテーション資料の作成経験がある、そういった学生は確かに年々増えてきています。

　しかしながら、私たちは、実際に講義や演習指導を行っていく中で、次のような事

態に直面しています。大学のメールを携帯に転送する設定で混乱する、文書作成はできても欠席連絡のメールで名乗るのを忘れている、セキュリティやネチケットについての意識が希薄でインターネットの情報を切り張りする、コンピュータの操作はできるが用語についてはほとんど理解していない、与えられた数値で指示があれば関数を利用できるが自分の意志でデータ加工はできない、プレゼンテーションをアニメーション付きで作れるけれども何を言いたいのかさっぱりわからないものを作ってしまう、といった具合です。この経験を元に、今回執筆に参加した各章の担当者は、この科目を履修したら、インターネット環境で自分の身を自分で守れるようになるとともに、きちんと節度を持ち、理解を伴って、コンピュータをツールとして使いながら、自分の考えを表現できるようになってほしいといった、それぞれの思いを大事にして執筆しています。

　第1章のコンピュータの基礎は末代誠仁が担当し、文字入力に必要な基礎とファイル管理に加えて、ハードウェアとオペレーティングシステムについても解説しています。第2章のネットワークは笠見直子が担当し、インターネットに接続し、コンピュータを利用していく際に必要となる知識や守るべき事柄を、特に図と例を用いて説明しています。第3章のMicrosoft Wordは辻脇政男が担当し、1ページに図と文字をレイアウトしたお知らせの作成を経て、レポートを想定した、自分の文章と他人の文章をきちんと分けるための方法や、複数ページの文書作成での技術を解説しています。第4章は有田友和が担当し、Microsoft Excelでのデータの入力方法から、データを加工してさらに可視化していく方法に加え、表やグラフを例にデータの連携方法も解説しています。第5章は山本裕子・吉野志保が担当し、Microsoft PowerPointを使ったプレゼンテーションの留意点を踏まえた上で、必要な操作方法とともに自分の考えや意見を他人によりよく伝えるためにはという展開になっており、プレゼンテーションだけでなくレポート作成にも役立つ内容を目指しています。

　願わくは、この本の内容を学習した方には、自宅でもあまり苦なくコンピュータが操作でき、その上で、思考のツールとしてコンピュータを活用できるようになっていただけたらと思います。逆に、教える立場の方には、こういう例で教えているのか、なぜこういう流れなのかと思われる面から、各章の担当者の考えや思いを汲んでいただければ幸いです。

　最後に、本書を出版にあたり、適切なアドバイスと丁寧な編集作業をしていただいた、株式会社オーム社書籍編集局の皆さま、トップスタジオ関係者の皆さまに深く感謝いたします。

2016年12月

矢野文彦

目 次

監修のことば iii

第1章 パーソナルコンピュータの基礎　　　1

1.1 Windows 10 の基本操作 4
1.1.1　パーソナルコンピュータ 4
1.1.2　マウスの使い方 4
1.1.3　Windows 10 の画面構成 5

1.2 キーボードと文字入力 6
1.2.1　キーボードの基本 6
1.2.2　アプリケーションソフトウェアと文字入力 7
1.2.3　文字の入力と消去 8
1.2.4　かな漢字変換 9
1.2.5　タッチタイピング 10
1.2.6　IME パッドによる手書き文字入力 10
1.2.7　その他のキーについて 10
　　　■コラム■　単語の登録とユーザー辞書ツール 11

1.3 ファイルの保存・編集 12
1.3.1　ファイルとドライブ 12
1.3.2　USB メモリの挿入と取り外し 12
1.3.3　USB メモリにファイルを保存する 13
　　　■コラム■　拡張子の表示／非表示 14
1.3.4　保存したファイルの再編集と上書き保存 15
1.3.5　フォルダーによるファイルの整理 16
1.3.6　ファイル名／フォルダー名の変更 18
1.3.7　ファイル／フォルダーの移動とコピー 19
　　　■コラム■　圧縮フォルダー 21
1.3.8　ファイル／フォルダーの削除 21

1.4 パーソナルコンピュータの構成要素 23
　　1.4.1　パーソナルコンピュータの構成例 23
　　1.4.2　補助記憶装置 23
　　1.4.3　オペレーティングシステム（OS） 24
　　■コラム■　OS の 64bit と 32bit 25
　　1.4.4　アプリケーションソフトウェアとオフィススイート 25

第2章■インターネット利用　　27

2.1 インターネットの基礎 30
　　2.1.1　インターネットの仕組み 31
　　2.1.2　インターネット接続 33
　　■コラム■　クラウドサービス 37

2.2 WWW の情報検索 38
　　2.2.1　ネット検索 38
　　2.2.2　Web 情報の信頼性 42

2.3 電子メール 43
　　2.3.1　電子メールの仕組み 43
　　2.3.2　電子メールの書き方 44
　　2.3.3　電子メールの注意点 45

2.4 情報セキュリティ 47
　　2.4.1　情報に関する各種のリスク 47
　　2.4.2　情報セキュリティ対策 51
　　■コラム■　スマートフォン・タブレット端末の注意点 54

2.5 情報モラル 55
　　2.5.1　情報発信の注意点 55
　　2.5.2　個人情報 56
　　■コラム■　暗号化 57
　　2.5.3　知的財産権 57

2.6 参考になる Web サイト 59
　　■コラム■　ビットとバイト……情報の量を表す単位 60

第3章 ■Microsoft Word　61

3.1 文書作成とWord 64
3.1.1 Wordでできること 64
3.1.2 文書を作成する前に 64

3.2 Wordの基本操作 66
3.2.1 Wordの起動／画面構成／終了 66
3.2.2 文字の入力 70
3.2.3 文字列の選択 70
3.2.4 文書の印刷 73

3.3 書式設定―基礎編― 75
3.3.1 ページの設定 75
3.3.2 文字の設定 76
3.3.3 改ページの設定 79
3.3.4 段落の設定 79
3.3.5 段組みの設定 82

3.4 書式設定―応用編― 85
3.4.1 脚注の挿入 85
3.4.2 ページ番号の挿入 86
3.4.3 ヘッダーとフッターの挿入 88
3.4.4 箇条書き 89
3.4.5 段落番号 90
3.4.6 アウトライン 91

3.5 表・図・写真の追加 92
3.5.1 表の作成 92
3.5.2 図・写真の挿入 94
3.5.3 オンライン画像の挿入 96
3.5.4 ワードアートの挿入 97
3.5.5 オートシェイプによる図形描画 98

第4章 Microsoft Excel　107

- 4.1 Excelの基本操作 110
  - 4.1.1 Excelでできること 110
  - 4.1.2 Excelの起動方法／画面構成／終了方法 110
  - 4.1.3 データの入力・変更・修正・消去 115
  - 4.1.4 セルの選択 116
  - 4.1.5 データのコピーと移動 118
  - 4.1.6 オートフィル 119
  - 4.1.7 印刷 120

- 4.2 計算と関数 122
  - 4.2.1 数式の入力 122
  - 4.2.2 関数の入力 124
  - 4.2.3 相対参照・絶対参照・複合参照 130
  - ■コラム■ 絶対参照と相対参照 132
  - ■コラム■ セル参照とセルの移動 133
  - 4.2.4 AVERAGE／MAX／MIN／COUNT／COUNTA関数 135
  - 4.2.5 IF関数 136

- 4.3 見やすい表の作成 140
  - 4.3.1 ワークシートの操作 140
  - 4.3.2 行／列の挿入・削除 142
  - 4.3.3 行／列の非表示と再表示 143
  - 4.3.4 行の高さ／列幅の調整 144
  - 4.3.5 セルの書式設定（表示形式） 146
  - 4.3.6 セルの書式設定（文字の配置） 147
  - 4.3.7 セルの書式設定（フォント） 148
  - 4.3.8 セルの書式設定（罫線） 149
  - 4.3.9 条件付き書式 151

- 4.4 グラフの利用 153
  - 4.4.1 Excelでのグラフの種類 153
  - 4.4.2 グラフの構成名称 156
  - 4.4.3 グラフの作成方法 157

- 4.5 少し高度な関数 163
  - 4.5.1 RANK.EQ／COUNTIF／SUMIF関数 163

- 4.5.2 ROUND ／ ROUNDUP ／ ROUNDDOWN ／ INT 関数 166
- 4.5.3 IF 関数の入れ子 168
- 4.5.4 AND ／ OR 関数 169
- 4.5.5 VLOOKUP 関数 170
- 4.5.6 MATCH ／ INDEX 関数 172

4.6 データベース 175
- 4.6.1 テーブル 175
- 4.6.2 並べ替え 180
- ■コラム■ 文字列の並べ替えルール 181
- 4.6.3 抽出 182

4.7 ピボットテーブル 183

4.8 知っていると便利な機能・関数 186
- 4.8.1 他のソフトウェアとの連携 186
- 4.8.2 Excel の貼り付け操作 188
- 4.8.3 日付関数 188
- 4.8.4 大きな表の印刷 191
- 4.8.5 ヘルプの使い方 192

第5章 Microsoft PowerPoint　193

5.1 プレゼンテーション 196
- 5.1.1 プレゼンテーションの基礎 196
- 5.1.2 プレゼンテーションを行う上での留意点 196

5.2 PowerPoint 198
- 5.2.1 PowerPoint でできること 198
- 5.2.2 PowerPoint の起動 198
- 5.2.3 PowerPoint の画面構成 199
- ■コラム■ タッチモードとマウスモード 200
- 5.2.4 PowerPoint の終了 200

5.3 スライド作成 201
- 5.3.1 タイトルスライド 201
- 5.3.2 新しいスライドの挿入方法 201
- 5.3.3 スライドの削除 201

　　　　5.3.4　文字の入力 202
　　　　5.3.5　スライドレイアウト 203
　　　　5.3.6　図解の効果 205
　　　　5.3.7　図の挿入 206

　5.4　スライドの組み立て 211
　　　　5.4.1　自分の考えをまとめる 211
　　　　■コラム■　テンプレートの利用 212
　　　　5.4.2　自分の考えが伝わるようにスライドを構成する 212
　　　　5.4.3　表示の切り替え 216

　5.5　スライドを仕上げる 217
　　　　5.5.1　スライドのデザイン 217
　　　　5.5.2　配色・文字・効果 217
　　　　5.5.3　マスターの変更 219
　　　　5.5.4　ヘッダーとフッター 219
　　　　5.5.5　アニメーション設定 221

　5.6　スライド提示 223
　　　　5.6.1　スライドショーの実行 223
　　　　5.6.2　発表者ツール 224
　　　　5.6.3　リハーサル 225
　　　　5.6.4　スライドの非表示設定 225
　　　　5.6.5　聞き手の立場からのスライドの構成 226
　　　　■コラム■　コメントの挿入 228

　5.7　印　刷 229
　　　　5.7.1　印刷対象の設定 229

　　　索　引 236

■免責事項

　本書はWindows 10 Pro＋Office Professional Academic 2016で執筆しています。
　本書および本書のサンプルファイルの内容を適用した結果、および適用できなかった結果から生じた、あらゆる直接的および間接的被害に対し、著者、出版社とも一切の責任を負いませんので、ご了承ください。また、ソフトウェアの動作・実行環境・操作についての質問には、一切お答えできません。
　本書の内容は原則として、執筆時点（2016年12月）のものです。その後の状況によって変更されている情報もあり得ますのでご注意ください。

第1章 パーソナルコンピュータの基礎

1.1　Windows 10 の基本操作
　　　■様々なコンピュータ、マウスの使い方、画面構成

1.2　キーボードと文字入力
　　　■キーボードの使い方、様々な文字の入力、かな漢字変換

1.3　ファイルの保存・編集
　　　■ファイルの保存方法、保存したファイルの編集・管理方法、USB メモリなどの使い方

1.4　パーソナルコンピュータの構成要素
　　　■パーソナルコンピュータを構成するソフトウェア・ハードウェアとその役割

1.1 Windows 10 の基本操作

1.1.1 パーソナルコンピュータ

世の中には様々なコンピュータがあります。ほとんどのテレビ、炊飯器、洗濯機にはコンピュータが搭載されています。カーナビゲーションシステムやスマートフォンもコンピュータです。そして、キーボード、マウス、ディスプレイを備えた「**パーソナルコンピュータ（パソコン）**」が、社会の様々な場面で使用されています。ここでは、Windows 10 を搭載したパソコンを取り上げ、その基礎について勉強します。

1.1.2 マウスの使い方

Windows 10は、**Graphical User Interface（GUI）**という視覚的な操作方法を採用しており、多くの操作はマウスで行うことができます。Windows 10はタッチパネル搭載パソコンなどではタッチ操作を行うこともできますが、ここでは主にマウスで行う操作を解説します。

マウスには、左ボタン、右ボタンがあります（図1-1）。マウスを動かすと、パソコンのディスプレイで「**マウスポインタ**」が動きます。マウスポインタを画面上のアイコンなどに合わせてマウスの左ボタンを押すことを「**左クリック**」または「**クリック**」、右ボタンを押すことを「**右クリック**」と言います。また、左ボタンを素早く2回押すことを「**ダブルクリック**」と言います。マウスポインタを画面上のアイコンなどに合わせて左ボタンを押したままマウスを動かすことを「**ドラッグ**」、ドラッグの後で左ボタンを離すことを「**ドロップ**」と言います。ドラッグとドロップは一連の操作になるので「**ドラッグ&ドロップ**」とも呼ばれます。

図1-1　マウスのボタンと動作

1.1.3　Windows 10の画面構成

　Windows 10は、タブレットモードのONとOFFを切り替えて、画面構成を変更しながら利用できます。タブレットモードのON／OFFを切り替えるには、デスクトップ右下の通知領域にある［**アクションセンター**］をクリックし、表示された画面で［**タブレットモード**］をクリックします。

　タッチパネルの付いたPCでニュース、天気予報などの情報を閲覧する際は、タブレットモードをONにすると便利です。一方、マウスを使って操作する場合や、レポートの作成などを行う場合は、タブレットモードをOFFにしてデスクトップを表示すると扱いやすくなります。以降、本書ではタブレットモードをOFFにした状態でのコンピュータの使い方を示します。

　デスクトップ左下の ■(スタート)をクリックする(またはキーボードのWindowsキー を押す)と、様々なアプリの起動や、コンピュータの電源OFFなどを行うメニューが表示されます。

> **Advice**
> アプリとはアプリケーションソフトウェアの略であり、目的、業務に応じた機能を利用者に提供するソフトウェアを指します。

デスクトップ
（タブレットモードOFF）

①通知領域の
［アクションセンター］
をクリック

②
［タブレットモード］
をクリック

デスクトップ
（タブレットモードON）

※タブレットモードを
OFFにすると左上
画面に戻ります

図1-2　Windows 10の画面例

1.2 キーボードと文字入力

1.2.1 キーボードの基本

　キーボードは、パソコンを有効に使うために欠かせない道具です。パソコンのキーボードには、アルファベット、数字、記号など文字を入力するキー、および特別な機能を使うためのキー（Esc 、半角/全角、F1 ～ F12 、Backspace 、Delete 、Space 、その他）が並んでいます（図1-3）。

図1-3　キーボード

　キーボードを使用するときは、手の指を「**ホームポジション**」に合わせます。ホームポジションとは、左手の人差し指／中指／薬指／小指をそれぞれ F / D / S / A キーに、右手の人差し指／中指／薬指／小指をそれぞれ J / K / L / ; キーに、親指を Space キーに置いた状態です。

　各キーを担当する指を図1-4に示します。ホームポジション以外のキーを押すときは、指を一時的にホームポジションから離しても構いません。ただし、1つのキーを押すごとにすべての指をホームポジションに戻します。

図1-4　ホームポジション

　指とキーとの対応が示されていないキーを押すときは、キーボード左側のキー（[半角/全角]、[Caps Lock]など）は左手の小指で、右側のキー（[@]、[:]、[Backspace]、[Enter]など）は右手の小指で押します。ただし、ホームポジションから右に大きく離れた[↑]、[↓]、[←]、[→]などのキーは右手の他の指を利用しても構いません。

1.2.2　アプリケーションソフトウェアと文字入力

　「**メモ帳**」は、Windows 10に付属のアプリケーションソフトウェアの1つで、キーボードを用いた文字（文章）の入力ができます。起動するときは画面左下隅の⊞をクリックしてアプリのリストを表示してから、このリスト右のスクロールバーを上下にドラッグして、[**Windowsアクセサリ**] → [**メモ帳**] の順にクリックします（図1-5）。

Attention

使用しているマウスにホイールが付いている場合は、回転するとスクロール操作を行うことができます。

図1-5　メモ帳の起動

メモ帳が起動したら、キーボードを使ってアルファベット、数字、記号などを入力してみましょう。

1.2.3 文字の入力と消去

Windowsには、文字入力のためのいくつかのモードがあります（表1-1）。

表1-1 文字入力モード

モード	意味
半角英数	キーボードに印字されたアルファベット／数字／記号を半角文字として入力するモードです。後述する全角英数モードよりも文字の幅が狭くなります
ひらがな	ひらがなを入力するモードです。「**かな漢字変換**」を利用して漢字を入力することができます
全角英数	キーボードに印字されたアルファベット／数字／記号を全角文字として入力するモードです。半角英数モードよりも文字の幅が広くなります
全角カタカナ	カタカナを全角文字として入力するモードです。半角カタカナモードよりも文字の幅が広くなります
半角カタカナ	カタカナを半角文字として入力するモードです。全角カタカナモードよりも文字の幅が狭くなります

各モードは、デスクトップ右下の「IME」のインジケーターをマウスで右クリックして、表示されるメニューで選択できます。また、キーボードを使った入力モードの切り替えもできます（図1-6）。

図1-6 入力モードの切り替え

半角／全角英数モードでアルファベットの大文字／小文字を切り替えたいときは Shift ＋ CapsLock キーを押します。Shift キーを押しながら A ～ Z のキーを押しても構いません。Shift キーを押しながら数字／記号が印字されたキーを押すと、入力できる数字／記号が変化します。

ひらがなモード、半角／全角カタカナモードでは、入力方法として「**ローマ字入力**」と「**かな入力**」を選択できます。入力方法の切り替えはIMEのインジケーターを右クリックして選択するか、Alt ＋ カタカナひらがな キーを押します（図1-7）。

入力した文字を消去するには Backspace キー、または Delete キーを使用します。

Attention

「Shift ＋ CapsLock キーを押す」とは、Shift キーを押したまま CapsLock キーを押すことです。1つめのキーを押したままで2つめのキーを押す動作を「＋」マークで表すことがありますので注意してください。

図1-7 ローマ字入力とかな入力の切り替え

1.2.4 かな漢字変換

ひらがなモード、半角／全角カタカナモードでは、IMEを用いた「**かな漢字変換**」を利用できます。かな漢字変換を行う場合は、はじめにかな文字（文字列）を入力してから[Space]キーを押します。[Space]キーを2度押すと変換候補（同音異語）のリストが表示されます。さらに[Space]キーを押す、または矢印キーの[↑]、[↓]を押すと変換候補を指定できます。[Space]キーを押した後で矢印キーの[←]、[→]を押すと単語、文節の区切りを移動できます。[Space]キーを押した後で[Shift]＋[←]、[Shift]＋[→]を押すと単語、文節の区切りを動かすことができます。正しく変換できたら[Enter]キーで確定します。

Advice

[Space]キーの他にも[変換]キーを用いてかな漢字変換を行うことができます。全角／半角カタカナへの変換には[無変換]キーを用いることもできます。

図1-8 変換候補・区切りの変更

また、キーボードのファンクションキー[F6]～[F10]を用いて変換候補を直接指定することができます（表1-2）。複数回押すと変換結果が変化します。

表1-2 ファンクションキーを用いた変換

モード	意味
[F6]	漢字などに変換した文字をひらがなに戻します（阿→あ）
[F7]	全角カタカナに変換します（あ→ア）
[F8]	半角カタカナに変換します（あ→ｱ）
[F9]	全角英数に変換します（あ→ａ）
[F10]	半角英数に変換します（あ→a）

1.2.5 タッチタイピング

キーの印字に目線を移すことなくキーボードを使うことを「**タッチタイピング**」と言います。タッチタイピング練習用のアプリケーションソフトウェアを使うと効率よく覚えられます。まずはホームポジションの各キーと[G]、[H]のキーが正しく打てるように練習しましょう（人差し指を置く[F]と[J]のキーには突起があります）。続いて、[Q]、[W]、[E]…の段、[Z]、[X]、[C]…の段、と順番に覚えていく方法が一般的です。常にホームポジションを意識することと、実際にキーボードを使って十分にトレーニングすることが大切です。

1.2.6 IMEパッドによる手書き文字入力

読み方のわからない文字を入力するときは「**IMEパッド**」を使います。IMEパッドはIMEのインジケーターを右クリックして選択・起動します。左のメニューで［**手書き**］を選び、すぐ右の枠内でマウスをドラッグすると線が描けます（図1-9）。文字の形を描いて、右の欄に適当な候補（文字）が表示されたらクリックして文字を入力できます。

図1-9　IMEパッドによる文字の入力

1.2.7 その他のキーについて

よく使用するキーについて表1-3に示します。

表1-3　よく使用するキー

キー	意味
[Backspace]	手前の文字を削除します
[Delete]	以降の文字を削除します
[Insert]	文中（文字列中）への文字の入力方法として挿入モード／上書きモードを切り替えます
[Print Screen]	画面をキャプチャーできます（ワードプロセッサなどに貼り付けられます）
[Ctrl]	他のキーと組み合わせることで様々な機能を利用できます
[Alt]	アプリケーションソフトウェアのボタンに記載された文字と組み合わせてショートカット機能を利用できます
[≡]	アプリケーションキー。マウスの右ボタンと同様の機能を利用できます

■コラム■ 単語の登録とユーザー辞書ツール

頻繁に入力するにもかかわらず、簡単にはかな漢字変換できない単語(人名など)はIMEに登録しておくと便利です。手順は次のとおりです(図1-10)。

(1) IMEのインジケーターを右クリックして[**単語の登録**]をクリックします。
(2) [**単語**]の欄に登録したい単語を入力します(読み方のわからない文字はIMEパッドを使って入力します)。
(3) [**よみ**]をひらがなで入力し、[**品詞**]の種類をクリックで選択します。
(4) [**登録**]ボタンをクリックして登録作業を完了します。

図1-10 単語の登録

登録した単語は、IMEの「ユーザー辞書ツール」で確認、編集、または削除できます(図1-11)。

図1-11 ユーザー辞書ツール

1.3 ファイルの保存・編集

1.3.1 ファイルとドライブ

コンピュータでは文書、画像、音声など様々なデータを「**ファイル**」として扱います。ファイルの記録・読み出しのためにコンピュータに接続された記憶装置を「**ドライブ**」と呼びます。コンピュータに接続されたドライブを確認するには、画面左下隅の ⊞ をクリックしてアプリのリストを表示してから、このリスト右のスクロールバーを上下にドラッグして、[**Windowsシステムツール**] → [**エクスプローラー**] の順にクリックします（図1-12）。

Advice
エクスプローラーはWindowsに標準搭載されたツールで、ファイル操作などに利用します。

Advice
⊞ をクリックした際に 📁 が表示されていれば、これをクリックしてエクスプローラーを起動できます。

図1-12 [PC] の表示

それぞれのドライブに「**ボリュームラベル（ドライブ名：）**」が表示されます。ボリュームラベルとドライブ名のうち、特にドライブ名（1文字のアルファベット+":"で表される）はドライブを区別する重要な情報になります。

Attention
ボリュームラベルはパソコンによって異なります。また、自分で変更することも可能です。

1.3.2 USBメモリの挿入と取り外し

先述の方法で [PC] ウィンドウを表示してから、USBポートに着脱可能な装置USBメモリを挿入します。ウィンドウ内に新しいドライブが出現したら、ドライブ名を確認しておいてください。

USBメモリを取り外す際には、パソコンをシャットダウンします。シャットダウンしない場合は、デスクトップ右下の通知領域にある [**ハードウェアを安全に取り外してメディアを取り出す**] をマウスでクリックします。USBメモリのドライブ名を含む [**○○の取り出し**] をクリックし、「**○○はコンピューターから安全に取り外すことができま**

Advice
ダイアログボックスは、何らかのコマンドや処理を実行するための、ボタンおよび各種オプションが用意されたサブウィンドウです。

す。」のバルーンが出てから取り外す必要があります（図1-13）。ただし、エラーのダイアログボックスが表示される場合はUSBメモリを取り外せません。パソコンがUSBメモリを使用していない状態（シャットダウンするなど）にしてから取り外してください。

図1-13 ハードウェアの安全な取り外し

USBメモリを取り外すと、[PC]ウィンドウからドライブが消えます。再び使用する場合は改めてUSBメモリを挿入してください。

1.3.3 USBメモリにファイルを保存する

まず、USBメモリを挿入した状態で、メモ帳を起動して適当な文章を入力してください。続いて、以下の手順で文章をファイルとして保存します（図1-14）。

(1) メモ帳のメニューから[**ファイル**]→[**名前を付けて保存**]をクリックします。
(2) [**名前を付けて保存**]ダイアログボックスが表示されたら、左枠の[**PC**]をクリックします。
(3) 右枠にあるUSBメモリのドライブをクリックし、[**開く**]ボタンをクリックします。
(4) [**ファイル名**]の欄に適当なファイル名を入力して[**保存**]ボタンをクリックします。

ダイアログボックスが閉じたら、メモ帳のメニューから[**ファイル**]→[**メモ帳の終了**]をクリックするか、右上の閉じるボタン（ [×] ）をクリックして終了してください。

1 パーソナルコンピュータの基礎

図1-14 [名前を付けて保存] ダイアログボックス

ファイルを保存する際に付ける名前には、ファイル名の他に「**拡張子**」（一般的に半角英数3～4文字）があります。拡張子はファイルの種類に応じて自動的に付けられます（メモ帳では「**txt**」）。拡張子を合わせると「**ファイル名.拡張子**」という名前になります。同様の方法で、USBメモリの他にも、ハードディスクドライブ（HDD）、ソリッドステートドライブ（SSD）など書き込み可能なドライブにファイルを保存することができます。

> **Attention**
> 公共のパソコンでは、Windowsがインストールされたドライブ（一般的にはC:ドライブ）にファイルを保存できない場合があります。

> **Attention**
> 拡張子にはtxtの他にも、画像ファイルのbmp、png、jpg、音声ファイルのwav、mp3など様々なものがあります。

■コラム■ 拡張子の表示／非表示

パソコンの環境によっては拡張子がウィンドウなどに表示されないことがあります。拡張子を表示したい場合は、[**PC**] ウィンドウを開き、[**表示**] タブ→ [**表示/非表示**] グループ→ [**ファイル名拡張子**] にチェックを入れてください（図1-15）。

なお、本書の図では基本的に拡張子を表示しています。

図1-15 拡張子の表示

1.3.4 保存したファイルの再編集と上書き保存

　USBメモリに保存したファイルを開くには、次の2つの方法があります。

● メモ帳を起動し、メニューから［**ファイル**］→［**開く**］をクリックします。［**開く**］ダイアログボックスが開いたら左枠の［**PC**］をクリックし、右枠でUSBメモリを表すドライブ名をクリックしてから［**開く**］ボタンをクリックします。右枠に先ほど保存したファイルが表示されたらクリックして、もう一度［**開く**］ボタンをクリックします（図1-16）。

図1-16　アプリケーションソフトウェアからファイルを開く

● 図1-12の方法でエクスプローラーを開き、［**PC**］ウィンドウの中にあるUSBメモリのドライブをダブルクリック（または右クリックして［**開く**］をクリック）して、USBメモリの中身を表示します。先ほど［**名前を付けて保存**］したファイルを探してダブルクリック（または右クリックして［**開く**］をクリック）します（図1-17）。

1 パーソナルコンピュータの基礎

①[PC]ウィンドウで
　USBメモリのドライブをダブルクリック

②ファイルをダブルクリック

図1-17　ファイルを表示して開く

　ファイルの編集（文字の追加、削除など）を行った場合は、メモ帳のメニューから[**ファイル**]→[**上書き保存**]をクリックし、編集内容をファイルに記録します（図1-18）。作業が終了したらメモ帳は終了します。

①メニューから[ファイル]→
　[上書き保存]をクリック

図1-18　上書き保存

1.3.5　フォルダーによるファイルの整理

　1つのドライブに多数のファイルを保存する場合は、ドライブの中にフォルダーを作成してファイルを整理します。
　USBメモリの中にフォルダーを作成するには次のような方法があります。

- USBメモリの中身を表示したウィンドウの[**ホーム**]タブをクリックして、[**新規**]グループ→[**新しいフォルダー**]をクリックします（図1-19a）。
- USBメモリの中身を表示したウィンドウ内の何もないところでマウスを右クリックして[**新規作成**]→[**フォルダー**]をクリックします（図1-19b）。

　フォルダーが作成できたら、フォルダーの名前を入力します。なお、フォルダーに拡張子の設定はありません。

①ドライブのウィンドウで[ホーム]タブをクリック
②[新しいフォルダー]をクリック
③フォルダー名を入力

図1-19a　フォルダーの新規作成

①ドライブの中の何もないところで右クリック
②[新規作成]→[フォルダー]をクリック
③フォルダー名を入力

図1-19b　フォルダーの新規作成

　フォルダーの中にファイルを保存する場合は[**名前を付けて保存**]ダイアログボックスでドライブを選択後、右枠でフォルダーをクリックして[**開く**]ボタンをクリックし、フォルダーの中身を表示してからファイル名を入力して[**保存**]をクリックします（図1-20）。

①[名前を付けて保存]ダイアログボックスでフォルダーをクリック
②[開く]ボタンをクリック
③ファイル名を入力して[保存]ボタンをクリック

図1-20　フォルダーの中にファイルを保存

　フォルダーには複数のファイルを保存することができます。フォルダーの中にフォルダーを作ることもできます。
　フォルダーをダブルクリックして開くことで、フォルダーの中身を確認したり、フォルダーの中のファイルを開くことができます。[↑]

1.3 ファイルの保存・編集

ボタンを使うと、現在表示しているフォルダーの外に戻ることができます（図1-21）。

図1-21　フォルダーの階層構造

適切なフォルダー名を付けてファイルを上手に管理しましょう。

1.3.6　ファイル名／フォルダー名の変更

　ファイル名、フォルダー名を変更するには、図1-22のようにファイル、フォルダーを右クリックして［**名前の変更**］をクリックします（またはファイル、フォルダーをクリックしてから［**ホーム**］タブ→［**整理**］グループ→［**名前の変更**］をクリックします）。そして、キーボードを使って適切なファイル名、フォルダー名を入力します。なお、ファイル名と一緒に拡張子が表示されている場合は、拡張子を変更しないよう注意してください。ファイル名の変更の際に拡張子を変更するとコンピュータがファイルを正しく扱えなくなり、誤作動の原因となります。

図1-22　ファイル名の変更

1.3.7 ファイル／フォルダーの移動とコピー

　ファイル、フォルダーは、異なるドライブ間、フォルダー間で移動・コピーができます。移動では、移動元のファイル、フォルダーが消え、移動先となるドライブまたはフォルダーに移ります。コピーでは、コピー元のファイル、フォルダーを残したままコピー先に複製ができます。ファイルの移動、コピーには次のような方法があります。

●**方法1　[ホーム] タブのメニューを併用（図1-23a）**

（1）移動／コピーするファイルを含むドライブまたはフォルダーをウィンドウで表示してファイルをクリックします。

（2）[**ホーム**] タブ→ [**クリップボード**] グループ→ [**切り取り**]（移動の場合）または [**コピー**]（コピーの場合）をクリックします。

（3）移動／コピー先となるドライブまたはフォルダーをウィンドウで表示して、[**ホーム**] タブ→ [**クリップボード**] グループ→ [**貼り付け**] をクリックします。

図1-23a　ファイルの移動・コピー（方法1）

●**方法2　右クリックを使用（図1-23b）**

（1）移動／コピーするファイルがあるドライブまたはフォルダーをウィンドウで表示してファイルを右クリックします。

（2）メニューの [**切り取り**]（移動の場合）または [**コピー**]（コピーの場合）をクリックして選択します。

（3）移動／コピー先となるドライブまたはフォルダーをウィンドウで表示して、何もないところで右クリックして [**貼り付け**] をクリックします。

① 移動／コピーするファイルを右クリック
② ［切り取り］(移動)、または［コピー］(コピー)をクリック
③ 移動先／コピー先のウィンドウで右クリックして［貼り付け］をクリック

図1-23b　ファイルの移動・コピー（方法2）

●方法3　ドラッグ&ドロップを使用（図1-23c）

（1）移動／コピーするファイルがあるドライブまたはフォルダーと移動／コピー先となるドライブまたはフォルダーのウィンドウを並べて表示します。

（2）移動／コピーしたいファイルをドラッグしてからマウスの左ボタンを離します（ドロップします）。

①移動／コピーするファイルのあるドライブまたはフォルダーと、移動先／コピー先となるドライブまたはフォルダーを並べて表示しておく
②移動／コピーするファイルを移動先／コピー先のウィンドウまでドラッグ＆ドロップする

図1-23c　ファイルの移動・コピー（方法3）

　フォルダーもファイルと同じ操作で移動／コピーできます。なお、方法3ではコピー元とコピー先が同一のドライブだと移動、異なるドライブだとコピーになりますが、ドロップするときに[Ctrl]キーを押しておくと移動をコピーに、[Shift]キーを押しておくとコピーを移動に、それぞれ切り替えができます。

> **Hint**
> 移動、コピーしたいファイルをクリックしてから［ホーム］タブ→［整理］グループ→［移動先］／［コピー先］をクリックして移動／コピー先を指定する方法もあります。

> **Advice**
> マウスの左ボタンの代わりに右ボタンを使う「右ドラッグ」を用いると、操作の後で移動／コピーを選択することもできます。

■**コラム**■　圧縮フォルダー

　複数のファイルをまとめて管理するには、フォルダーの他に「**圧縮フォルダー**」を利用する方法があります。圧縮フォルダーは「**zip**」という拡張子を持つファイルですが、フォルダーと同様に複数のファイルを入れておくことができます。

　圧縮フォルダーを作成する場合は、ドライブやフォルダーの中身を表示したウィンドウ内の何もないところでマウスを右クリックして、[**新規作成**] → [**圧縮（zip形式）フォルダー**] をクリックします。圧縮フォルダー名を入力（または変更）する場合は拡張子を変更しないように注意しましょう。圧縮フォルダーにファイルを移動またはコピーする方法はフォルダーと同様です。

　圧縮フォルダーは形式的には1つのファイルのため、中のファイルを頻繁に編集するには不向きです。しかし、ネットワークを介して複数のファイルを他の人とやりとりする場合、古いファイルをまとめておきたい場合などには扱いやすく便利です。

1.3.8　ファイル／フォルダーの削除

　ファイルを削除する場合は、ファイルをクリックしてから [**ホーム**] タブ→ [**整理**] グループ→ [**削除**] ボタンをクリックします。または、ファイルを右クリックして [**削除**] をクリックするか、ファイルをクリックしてキーボードの Delete キーを押しても削除できます。

　USBメモリに保存してあるファイルは削除すると復元できないため注意してください（復元できない場合は図1-24右のような警告のメッセージが表示されます）。一方で、HDD、SSDに保存したファイルは削除しても「**ごみ箱**」の中に残ります。ごみ箱はデスクトップのアイコンをダブルクリックすると中身を見ることができます。ごみ箱にあるファイルは、別の場所に移動（または右クリックして [**元の場所に戻す**] をクリック）することで復元できます。

　ごみ箱にあるファイルを Delete キーなどで削除するか、またはごみ箱のアイコンを右クリック（あるいは [**ごみ箱**] ウィンドウ内の何もないところで右クリック）して [**ごみ箱を空にする**] をクリックすると、ファイルを完全に削除できます。

　フォルダーも、ファイルと同様の方法で削除や復元を行うことができます。

1 パーソナルコンピュータの基礎

① 削除するファイルを右クリック
② [削除]をクリック

図1-24　ファイルの削除

デスクトップにある「ごみ箱」のアイコン

空のとき　　ファイルが
　　　　　　入っているとき

USBメモリのファイル、フォルダーを削除する場合は
ごみ箱に残らないので注意しましょう

1.4 パーソナルコンピュータの構成要素

1.4.1 パーソナルコンピュータの構成例

表1-4はパソコンの仕様の一例です。

表1-4　パソコンの仕様例

中央演算装置（CPU）	Intel Core i5
主記憶装置（メインメモリ）	4GB
ディスプレイ	解像度：1,920×1,080ドット（タッチパネル有）
補助記憶装置（SSD）	128GB（または500GBのHDD）
補助記憶装置（光学ドライブ）	ブルーレイディスクドライブ
オペレーティングシステム（OS）	Windows 10（64bit）
環境条件	温度5～35℃、湿度20～80%（ただし結露しないこと）

　中央演算装置（CPU）はコンピュータの頭脳にあたります。処理速度が速いもの、消費電力が少ないもの、価格がリーズナブルなものなど多くの種類があります。主記憶装置はコンピュータが使用中のデータを置く場所です。容量が大きいと大容量のデータを効率よく扱えます。ディスプレイの解像度は大きいほど画面に多くの情報を表示できます。タッチパネル付きのディスプレイでは、マウスの代わりに指などで画面を直接操作できます。補助記憶装置、オペレーティングシステムについては後述します。

　パソコンは精密機器です。利用する場所の気温、湿度に注意しましょう。また、パソコン近辺での飲食、喫煙は、水分、食べかす、微粒子などによる故障やトラブルを招くため避けましょう。

1.4.2 補助記憶装置

　SSD、HDD、光学ドライブ、USBメモリ、SDカードなどは「**補助記憶装置**」に分類されます。多くの補助記憶装置はファイルの保存・読み出しに利用され、[**PC**]のドライブとして操作することができます。

　補助記憶装置のうち、光学ドライブのように情報記録媒体（メディア）を入れ替えられるもの、およびUSBメモリやSDカードのように小型で取り外しが簡単なものは紛失・盗難の危険が高くなります。また、補助記憶装置の不用意な使用、安全が確認できない他者との貸し借りは、破損、個人情報の流出、マルウェア感染（2.4参照）などの原因となります。補助記憶装置および保存したファイルは慎重に扱いましょ

う。大切なファイルは複数の補助記憶装置にコピー（バックアップ）しておくと安全性が高まります。

1.4.3　オペレーティングシステム（OS）

　オペレーティングシステム（OS）は「**基本ソフト**」とも呼ばれ、コンピュータを構成する機器（ハードウェア）の抽象化、資源の管理などを提供します。また、複数のアプリケーションソフトウェアを効率よく運用するための機能、基本的なアプリケーションソフトなどもOSの機能として提供されています。

■ハードウェアの抽象化

　パソコンには、メーカー、形態など様々なものがあります。しかし、私たちはそれらの違いを意識しなくてもパソコンを使うことができます。例えば、ノート型／デスクトップ型ではマウス（ポインティングデバイス）の形状が異なりますが、ともに左／右クリック、ダブルクリックなどの操作を行うことができます。また、補助記憶装置はSSD、HDD、USBメモリ、SDカード、光学ドライブなど様々ですが、すべて「**ドライブ**」としてファイルの保存・読み出しを行うことができます。このように、利用するハードウェアの具体的な差を利用者が意識しなくてもパソコンを利用できる機能を、「**OSによるハードウェアの抽象化**」と言います。

■資源の管理

　コンピュータは、複数のアプリケーションソフトウェアが同時に1つのファイルやドライブを使用しようとする場合でも、混乱することなくアプリケーションソフトウェア、ハードウェアを管理・運用しなければなりません。このような場合にアプリケーションソフトウェア、ハードウェアなどを混乱なく扱う機能を「**OSによる資源の管理**」と言います。

■その他の機能

　多くのアプリケーションソフトウェアを同時に使用したり、1つのアプリケーションが多数の作業を行う場合、OSがアプリケーション／作業の優先度を適切に判断してコンピュータの効率を高めます。また、近年では、メモ帳（テキスト編集）、ペイント（画像編集）、Webブラウザ、地図表示、情報検索、ニュース閲覧といったアプリケーションソフトウェアがOSに付属して提供されるようになっています。

> **■コラム■　OS の 64bit と 32bit**
>
> 　Windows 10には64bit版と32bit版があります。最近では4GB以上の主記憶装置を持つパソコンが普及していますが、このようなパソコンでは64bit版を使用することにより、サイズの大きなファイルを扱う、多数のアプリケーションソフトウェアを同時使用する、といった場面でメリットが得られます。一方で、一部の古いハードウェア、ソフトウェアを利用する場合には32bit版が必要になることがあります。

1.4.4　アプリケーションソフトウェアとオフィススイート

　アプリケーションソフトウェアには、OSに付属のもの以外にも、パソコンのメーカーが追加するもの、利用者がパソコンの購入後に追加するものなどがあります。アプリケーションソフトウェアを追加することで、パソコンに新しい機能を追加したり、仕事の効率を高めたりできます。

　事務処理で利用されることの多いアプリケーションソフトウェアを統合した製品を「**オフィススイート**」（Office suite）と呼びます。本書で紹介するMicrosoft Office 2016は、Word 2016（ワードプロセッサ）、Excel 2016（表計算）、Power Point 2016（プレゼンテーション）などのアプリケーションソフトウェアを統合したオフィススイートで、多くのメーカーや利用者がパソコンに追加して利用しています。オフィススイートの使い方を学ぶことは、社会における事務処理を学ぶことにもつながります。しっかり勉強してコンピュータの基本能力（リテラシー）の習得を目指してください。

> **Attention**
>
> 　Microsoft Office 2016には、含まれるアプリケーションソフトウェアやそれらのライセンス形態に違いのある複数の種類の製品があります。みなさんが利用するMicrosoft Office 2016について確認しておきましょう。

第2章 インターネット利用

2.1 インターネットの基礎
　　■ネットワークの仕組み・接続
2.2 WWWの情報検索
　　■ネット検索・情報の信頼性
2.3 電子メール
　　■電子メールの仕組み・書き方・注意点
2.4 情報セキュリティ
　　■情報に関する各種のリスク・セキュリティ対策
2.5 情報モラル
　　■情報発信の注意点・個人情報・知的財産権
2.6 参考になるWebサイト

2.1 インターネットの基礎

　パソコンやスマートフォンなどの普及によってネットワークにつながる環境が整い、日常生活の多くの場面でインターネットが利用されるようになりました。

　一方で、情報漏洩、コンピュータウイルス、ネットいじめなどが社会問題となっています。

　この章では、学生の皆さんがマナーを守って効果的かつ安全にインターネットを活用できるように、最低限必要な知識（インターネットの仕組み、情報検索、電子メール、情報セキュリティ、情報モラルなど）について学習します。

　また章末では、日々変化するネット社会に対応できるよう、参考になるWebサイトを紹介しますので、各種の最新動向を確認するようにしてください。

　最初に、インターネットの仕組みを理解し、インターネットに接続する方法について取り上げます。

図2-1　インターネット

2.1.1 インターネットの仕組み

コンピュータネットワークとは、コンピュータ同士をケーブルや無線などで接続し、データをやりとりできる状態にしたものです。現在、大学や会社だけでなく家庭でもコンピュータネットワーク（LAN）の利用が普及しています。

インターネットとは、このような世界中の多くのコンピュータネットワークを相互につないで、データをやりとりできる状態にしたものです。

一般的にネットワークとは、「個々の人のつながり」「情報の交換を行うグループ」のことです。人間同士のネットワークでやりとりを円滑にするためのルールがあるのと同じように、コンピュータネットワークでもコンピュータ同士のやりとりをスムーズに行うための手順（ルール）が必要です。この手順のことを**プロトコル**（規約）と言います。TCP/IP（Transmission Control Protocol / Internet Protocol）は、コンピュータネットワークで最もよく使われている世界共通のプロトコルです。

Keyword

◆LAN (Local Area Network)
1つの建物内や敷地内など、比較的狭く限られたエリアにおいて複数のパソコンが接続された通信網のことです。

プロトコル　コンピュータ同士のやりとりの手順

図2-2　プロトコルのイメージ

私たちが電話をかけるとき「受話器をとり、ダイヤルし、『もしもし○○です』と名乗ってから会話をする」のと同じように、コンピュータ同士が通信するときにもルールに基づいた手順があります。電話口の双方が異なる言語で話すと会話がうまくできないのと同じように、コンピュータ同士でも異なるプロトコルでは通信できないため、同じプロトコルを利用することが必要です。

インターネット上では、TCP/IPを中心とした共通のプロトコルを利用することによって、使用する機種の違いを超えて、様々な情報通信

機器が相互にやりとりできるようになりました。

図2-3　共通プロトコルの使用

　ネットワーク上でサービスを提供するコンピュータを**サーバ**、そのサービスを利用するパソコン、携帯電話、スマートフォンやタブレットなどを**クライアント**と呼びます。TCP/IPを利用した多くのサービスは、クライアントとサーバのやりとりにより成立しています。

①**Webサーバの場合**

②**プロキシ（代理）サーバの場合**

　　　メリット　①クライアントの安全性の向上
　　　　　　　②匿名性の向上（クライアントのIPアドレスやコンピュータ名が外部に知られない）
　　　　　　　③Webページ表示の高速化

図2-4　クライアントとサーバ

IP（Internet Protocol）**アドレス**とは、TCP/IPを利用するネットワークに接続したコンピュータを特定するためのもので、コンピュータの住所のようなものです。

IPアドレス コンピュータの住所

	ネットワーク部	ホスト部
2進数	11000000 10101000 00000001	00000001
10進数	192　　168　　1	1

IPアドレス
192.168.1.1/24

・IPアドレスには、グローバルIPアドレスとプライベートIPアドレスという区分けがあります（上図はプライベートIPアドレスの例）。
・グローバルIPアドレスは、インターネット全体で重複がないように、ICANN（Internet Corporation for Assigned Names and Numbers）が管理しています。日本ではJPNIC（Japan Network Information Center）が管理を代行しています。プライベートIPアドレスは、組織内（大学や会社など）のネットワークで重複がないように設定されています。

図2-5　IPアドレス

IPアドレスは数値の並びであり、人間にとっては覚えにくいものです。そのため、各パソコンにはドメイン名という名前を付けて管理します。ドメイン名とIPアドレスを相互に変換するシステムをDNS（Domain Name System）と言います。

IPアドレスとDNS

図2-6　IPアドレスとDNS

2.1.2　インターネット接続

インターネットを利用するには、様々な接続方法があります。大学内では、パソコンやスマートフォンなどの端末を用いて学内LANに接続し、これを介してインターネットを利用します。家庭では、通常インターネットへの接続サービスを提供する事業者である**インターネットサービスプロバイダ**と契約してインターネットに接続します。

近年では、**ブロードバンド**と呼ばれる高速で大容量の情報を送受信できる通信網を利用してインターネットに接続するのが一般的になっ

Advice

携帯電話会社と契約し、携帯電話回線によってインターネットに接続することもできます。

ています。ブロードバンドには、**光ファイバ**、**CATV**、**ADSL**のような有線ネットワークの他に、**LTE**、**WiMAX**などの無線ネットワークがあります。

■無線LAN接続

無線LANは、コンピュータの**無線LANアダプタ**、**アクセスポイント**などを電波で接続したLANです。LANケーブルで接続する有線LANと比べると、表2-1に示すメリットとデメリットがあります。

表2-1　無線LANのメリットとデメリット

メリット	デメリット
・ケーブルなしで通信できる ・移動しながら通信できる	・有線LANより通信速度が遅い ・通信が不安定になることがある ・有線LANに比べてセキュリティが脆い

図2-7　インターネット接続機器の例

無線LANの機能を持つ**ブロードバンドルータ**にはアクセスポイントとルータの両方の機能があるため、これを利用すると1台でブロードバンド環境のインターネットと無線LANを自宅で利用できるようになります。

また、有線のホームネットワークをすでに構築している場合は、使用中のブロードバンドルータに無線LANアクセスポイントを接続すれば、パソコンを無線でホームネットワークに接続できるようになります。

■無線LANの規格

現在普及している主な無線LAN規格には、IEEE802.11n（11n）、IEEE802.11ac（11ac）があります。

Advice

これらの回線とパソコンを接続するための機器には、**ルータ**（複数の端末を同時にネットワークに接続する機器。セキュリティを強化する機能もある）、**回線終端機器**（**ONU**）（光回線において、光信号とデジタル信号の情報を相互に変換する機器）、**モデム**（ADSLなどにおいて、アナログ信号とデジタル信号の情報を相互に変換する機器）などがあります。

Advice

光ファイバでは、通信事業者の光通信網から家庭内に光ファイバを引き入れ、インターネットに接続します。通信速度は100Mbps～1Gbps程度で高速です。

CATVでは、ケーブルテレビネットワークの回線を利用します。通信速度は最大320Mbps程度です。

ADSLでは、電話回線を利用します。通信速度は最大50Mbps程度です。

LTEは、近年急速に普及した携帯電話用の通信規格で、従来の携帯電話規格より高速な通信が可能です。

通信速度は、技術の進歩により向上する傾向にあります。

Advice

1台で、モデム、有線ブロードバンドルータ、無線LANアクセスポイントなどの機能をいくつか合わせ持つ機器もあります。

Advice

無線LANルータと使用機器の対応規格が一致していないと通信ができません。これから購入する場合は、11acか11n対応の機器がおすすめです。

表2-2　無線LANの規格

規格表記	11b	11g/a	11n	11ac
通信速度	11Mbps	54Mbps	150Mbps	433.3Mbps

なお、11nおよび11acで複数のアンテナを利用すると、それぞれの規格の整数倍となる速度で通信できます。市販されている製品としては、11nで300Mbps、11acで867Mbpsなど複数の種類の製品規格のものがあります。ただし、実際の通信スピードは規格値に達しないことがほとんどです。

Keyword

◆bps

bits per secondの略で、通信回線などのデータ転送速度の単位です。1bpsは1秒間に1ビットのデータを転送できることを表します（ビットについては60ページを参照）。

■無線LANの暗号化

無線LANを利用するときは、他人に勝手に回線を使われたり、通信中のデータを盗まれたりしないように、暗号化の設定が必要です。暗号化の方式にはセキュリティレベルの異なる複数の種類があるので、適切な暗号化方式を選択することが重要です。

表2-3　無線LANの暗号化

規格	WEP	WPA	WPA2
暗号方式	RC4	TKIP/AES	AES
安全度	簡単に暗号化が破られるため安全度が低い	TKIPを採用したものは安全度が低いAESを採用したものは安全度が高く、WPA/PSKとも呼ばれている	安全度が高い

図2-8　無線LANの暗号化

Advice

Wi-Fiとは、正式には米国の団体が定めた無線LANの規格の1つであり、このWi-Fi規格に準拠している機器であれば、メーカーや機種が異なってもネットワークに接続することが可能です。

ただし現在は、無線LAN全般を指してWi-Fiと呼ぶことも増えました。

■Wi-Fi利用の注意点

家庭でWi-Fiを利用するときは、以下の点に注意してください。

●家庭で利用する場合

①大事な情報を入力する際は、SSL/TLSを利用しているサイトであるかを確認してください。

Attention

①の注意点は、特に「家庭で無線LANを使う場合」に限ったものではなく、有線LANであっても気をつけるべきことです。

②**アクセスポイント**を設置する場合、暗号化方式としてWPAまたはWPA2を選択してください。
③アクセスポイント接続のためのパスワードは、他人が推測できないものにしてください。

●**外出先で利用する場合**
①不明なアクセスポイントには接続しないでください。
②アクセスポイントの名称（**SSID**）を確認してください。
③接続時に同意画面などが表示された場合は、説明をよく読んで内容に問題がないか判断してください。
④アクセスポイントが暗号化に対応しているか確認してください。
「暗号化なし」「WEP」の場合は通信内容が盗み見られる危険があります。
⑤ファイル共有機能は解除してください。

■コラム■ クラウドサービス

　これまでは、データやソフトウェアは自分のパソコンの中に入れて利用・管理するのが一般的でした。クラウドサービスでは、データやソフトウェアをインターネット上に置いておくことができるので、利用者はパソコンやスマートフォンなど、様々な端末からそれらのデータやソフトウェアを利用できます。

　Microsoft OneDriveやGoogle Driveのようなクラウドストレージサービスも、クラウドサービスの一種です。**クラウドストレージ**とは、インターネット上でデータを保存できるディスクスペースのことであり、サービス利用者は、ファイルを持ち歩かなくても、インターネット上に置いてあるファイルを編集し、編集したファイルを再びインターネット上に保存できるようになりました。

　しかし、このようなサービスでは、利用者がインターネット上のどこにファイルが保存されているのかを意識することは困難です。クラウドサービスを活用する際には、取り扱う情報の機密性、プライバシー、リスクなどに十分配慮する必要があります。

図2-9　クラウドサービス

　また、Twitter・Facebook・InstagramなどのSNSを利用する場合も、インターネットに接続して「自分が所有していないコンピュータリソースを利用している」ことを認識しましょう。

■クラウドサービス利用のリスクと対応策

①データが消失するリスク。ネットワークに接続できない環境では利用できないリスク
　→ 手元のパソコンにバックアップしてください。

②外部への情報漏洩のリスク
　→ 機密性の高い情報や流出して困るような情報は扱わないようにしてください。

③IDやパスワードの流出・悪用のリスク
　→ 不正アクセスされないように、パスワード管理はしっかり行ってください。複数のインターネットサービスで同じパスワードを使い回したり、他人が推測しやすいパスワードを使用するのは厳禁です。

④サービス提供会社の都合で、サービス内容が変更されたり、サービス自体が打ち切られたり、データが海外で保管されたりする場合のリスク
　→ 利用規約をよく確認し、信頼できる会社を選んでください。

2.2 WWWの情報検索

ここでは、インターネット上の膨大な情報の中から必要な情報を探し出すことができるよう、ネット検索の方法を学びます。

2.2.1 ネット検索

Webページとは、インターネット上に公開されている情報のことです。Webページの内容は**WWWサーバ**（Webサーバ）で管理されています。**WWW**（World Wide Web）とは、世界中に張りめぐらされたクモの巣という意味であり、インターネットでWebページを表示する仕組みを指しています。

Webページは、入り口である**トップページ**を含む複数のページでひとまとまりになっています。このまとまりのことを**Webサイト**と言います。

Webページを閲覧するには、**Webブラウザ**（ブラウザ）というソフトを使います。ブラウザは、指定されたURLに基づいてインターネット上のWebサーバを探し、目的のページを自分の画面に表示します。

Keyword

◆ホームページ
元々はWebサイトの入り口のページを指す言葉でしたが、日本ではWebページと同じ意味で使われることも多いようです。

Advice

HTTP（Hyper Text Transfer Protocol）は、Webページのデータを送受信するためのプロトコルです。

ブラウザでホームページアドレスを指定すると、インターネット上のWebサーバを探して、目的のページを自分の画面に表示します

図2-10　WWW

■Microsoft Edge

Windows 10には、標準ブラウザとして**Edge**が採用されています。Edgeを起動するときは、タスクバーの［**Microsoft Edge**］ボタン をクリックするか、スタートメニューの［**すべてのアプリ**］から［Microsoft Edge］を選択します。

次にEdgeの画面を紹介します。

図2-11 Microsoft Edge38の画面（オーム社のWebページの場合）

表2-4 Microsoft Edgeの画面構成

名称	機能
①タブ	表示中のWebページ名が表示されます。複数のページを切り替えながら表示することができます
②新規タブの追加	クリックすると、新しいタブが表示されます
③戻る	1つ前に表示した画面に進みます
④進む	1つ後に表示した画面に進みます
⑤最新の情報に更新	再度Webページを読み込みます
⑥中止	読み込みを中止します（Webページの読み込み中のみ、⑤の代わりに×印で表示されます）
⑦アドレス＆検索バー	WebページのURLが表示されます。キーワードを入力すればWeb検索できます
⑧お気に入りまたはリーディングリストに追加	よく見るWebページをお気に入りに、後から見るWebページをリーディングリストに使い分けて追加できます
⑨ハブボタン	お気に入り、リーディングリスト、履歴、ダウンロードの情報を表示します
⑩Webノートの作成ボタン	Webページ上に手書きでメモを追加したWebノートを作成します
⑪共有ボタン	Webページをメールアプリなどを使って送信します
⑫詳細ボタン	ページの拡大縮小表示、ページ内の検索、印刷、設定などが行えます
⑬スクロールバー	画面をスクロールするときに使います

■Webページの表示

ホームページアドレスとは、インターネット上の情報や資源の所在場所のことです（**URL**: Uniform Resource Locatorとも言います）。形式は以下のようになっています。アドレスがわかっているWebページを表示するときは、アドレスバーにURLを直接入力し、Enterを押します。

Advice

◆Edge起動時に表示するページの設定

右上の［…］ボタンをクリックして［設定］を選び、設定画面を表示します。次に、［Microsoft Edgeの起動時に開くページ］で［特定のページ］を選び、表示するページのURLを入力します。

Advice

◆よく使う記号の読み方
- ： コロン
- ／ スラッシュ
- ． ドット
- ＠ アットマーク
- － ハイフン
- ＿ アンダーバー
- ～ チルダ

図2-12　ドメイン名

　ドメイン名は、ホームページアドレスやメールアドレスなどの一部分として使われる、インターネット上のコンピュータを識別するための名前です。上の「http://www.example.ac.jp/」を例にドメイン名の構造を見てみます。

　ドメイン名は基本的には「(ホスト名.) 組織名. 組織の種別. 国名」という形式になります。ホスト名は、インターネットに接続したコンピュータに付けられた名前で、wwwはWebサーバを意味します。exampleが組織名、acが組織の種別、jpが国名となります。

Advice

　ドメイン名は「小分類. 中分類. 大分類」のように階層構造になっています。ドットで区切った最後の文字列が**トップレベルドメイン**と呼ばれる最上位の階層で、多くの場合、国別ドメイン名となります。
　しかし、これとは別に「.com」「.net」「.org」などの**一般ドメイン名**も普及しています。

Advice

　httpsは、Webサーバとの通信を暗号化するプロトコルです（詳細は2.5.2参照）。

表2-5　ドメインの種類

組織の種別を示すドメイン		国名を示すドメイン		一般ドメイン	
組織の種別	ドメイン	国　名	ドメイン	gTLD	ドメイン
企業	co	日本	jp	企業組織	com
政府機関	go	イギリス	uk	ネットワークサービスプロバイダ	net
大学・研究機関	ac	ドイツ	de	非営利団体	org
学校	ed	フランス	fr		
ネットワークサービスプロバイダ	ne	イタリア	it		
その他の組織	or	韓国	kr		
		中国	cn		

■検索エンジン

　検索エンジンは、Web上の大量の情報から必要な情報を探し出すために使います。代表的な検索エンジンとしては、以下のものがあります。

Google（https://www.google.co.jp/）
Yahoo!（http://www.yahoo.co.jp/）

■検索オプション

　インターネット上には膨大な情報があるため、検索しても目的のWebページがうまく探せないことがあります。このような場合、条件を細かく絞り込むことで、効率的に自分が知りたい情報を探すことができます。
　ここでは、Googleの絞り込み検索の例を紹介します。Googleのトップページから検索を行うと検索結果ページが表示されますが、その

Advice

◆**検索エンジンの変更**

　Edgeで検索を行うと、標準としてマイクロソフト社のBingという検索エンジンが使用されます。Googleの検索エンジンを使いたい場合は、以下のように設定します。
　一度、Googleで検索し、右上の［…］ボタンをクリックして［**設定**］を選び、設定画面を表示します。次に、［**詳細設定を表示**］→［**アドレスバーでの検索時に使う検索プロバイダー**］にて［**検索エンジンの変更**］をクリックし、［**Google検索**］を選択し、［**既定として設定する**］をクリックします。

ページの右上にある歯車ボタン ✿ をクリックし、表示されたメニューの [**検索オプション**] をクリックすると、様々な検索条件を指定することができます。

図2-13　検索オプション

■お気に入りに登録

気に入ったWebページは**お気に入り**に登録しておくと、次からは [**ハブ**] ボタンの [**お気に入り**] タブから開くことができるようになります。

①お気に入りに登録したいページを開きます。
②ツールバーの [☆] ボタンをクリックして、[**お気に入り**] を表示します。
③ [**名前**] と [**保存する場所**] を設定して [**追加**] をクリックします。

Advice

◆履歴の削除

閲覧履歴や入力した文字データは保存されています。削除したいときは、ツールバーの […] ボタン→ [**設定**] → [**クリアするデータの選択**] をクリックします。[**閲覧データのクリア**] というウィンドウが現れたら、[**閲覧の履歴**] など削除したい項目にチェックを入れて、[**クリア**] ボタンをクリックします。

2 インターネット利用

図2-14　お気に入りに登録

2.2.2　Web情報の信頼性

インターネット上には誤った情報もたくさんあります。Webを閲覧するときは、以下の点に注意してください。

①情報の正確さや妥当性は、発信元や内容から慎重に判断してください。
②複数の発信元の情報を見比べて、情報の信頼性や適切さを判断してください。
③検索結果画面の一番上に表示されたものが目的のWebページであるとは限りません。
④他サイトからのリンクや電子メールに書かれたリンク先が正しいものとは限りません。
⑤本物そっくりの偽サイトがあるので注意してください。
⑥表示しただけでウイルスに感染するWebページがあるので注意してください。
⑦公序良俗に反するわいせつな画像や暴力的な情報を含むWebページがあるので注意してください。

Advice

Wikipedia（https://ja.wikipedia.org/wiki/）は、Wikiという仕組みを使った代表的なサイトで、ユーザーの共同執筆による百科事典サイトです。このような仕組みで編集されたWikipediaの記述内容には、誤りが含まれている場合があります。

2.3 電子メール

電子メールによって、世界中の人と、低コストで迅速に情報のやりとりができるようになりました。ここでは、電子メールの仕組み、書き方、注意点について学習します。

2.3.1 電子メールの仕組み

電子メール（e-mail）とは、パソコンや携帯端末などで、インターネットを利用してメッセージや添付ファイルをやりとりする機能です。

パソコンで電子メールを利用するには、Outlookなどの**メールソフト**を利用する場合と、Webブラウザを使って送受信を行うGmailなどの**Webメール**を利用する場合があります。Webメールでは、電子メールのデータがインターネット上にあるサーバに蓄積されます。利用者はどこのパソコンや携帯端末を用いてインターネットにアクセスしても、Webブラウザを利用して、電子メールの送受信ができます。

Keyword
◆メーリングリスト
特定のグループのメンバー内で情報を交換・共有するときは、メーリングリストと呼ばれる仕組みを利用すると便利です。メーリングリストのアドレスにメールを送ると、そのメールは登録グループのメンバー全員に配信されます。

Keyword
◆メールマガジン
自分のメールアドレスを登録すると、情報がメールで配信されるシステムです（受信のみ可能）。メールマガジンを利用しているとメールがたくさん届くようになるので、定期的に受信ボックスを整理する必要があります。

図2-15　Webメールの仕組み

■ メールアドレス

　電子メールを送るときは、相手の**メールアドレス**を指定する必要があります。メールアドレスは、xxx@ドメイン名（例：sakurarin@example.ac.jp）という書式になっています（半角英数字、半角記号を使用します）。

■ CCとBCC

　メールアドレスを複数指定すると、同じ内容のメールを一度に複数の人に送ることができます。2人目以降のアドレスは、**TO**、**CC**、**BCC**の3種類の方法で指定できるので、次の表を参照してアドレスの指定方法を使い分けるとよいでしょう。

表2-6　メールの宛先指定

宛先の種類		意味
TO	メールの宛先	「あなた宛に送りました」
CC	Carbon Copy（写し）	「参考にあなたにも送ります」 受信者にアドレス表示
BCC	Blind Carbon Copy	「あなたに送ったことは他の人はわかりません」 受信者にアドレス非表示

> **Attention**
> BCCは、通常、お互いに面識のない多数の人に一斉にメールを送信する場合に利用します。メールアドレスも個人を特定できれば個人情報となるので、取り扱いには注意が必要です。

2.3.2　電子メールの書き方

■ 電子メールの例　その1（不適切な例）

　次に、教員に送るメールとして不適切な例を示します。どこが悪いかわかりますか？

```
送信者：kyochan@docodemo.ne.jp
宛先：nekketsu@example.ac.jp
件名：

こんにちわ
先週授業行けなくて明日までの課題の③の問題が途中までしかわかりません（涙）
どうしたらいいか大至急教えてください！！　m(_ _)m
```

■ 電子メールの例　その2（適切な例）

　次に、適切なメールの例を示します。

図2-16　メールの形式

2.3.3　電子メールの注意点

便利な電子メールですが、文字だけのコミュニケーションとなるため、誤解が生じやすい傾向があります。また、電子メールが原因でウイルスに感染することもあります。電子メールを利用するときは、以下の点に注意してください。

■送信時の注意点
①送信前に宛先・内容を再確認してください。
②件名はわかりやすく簡潔に、必ず入力してください。
③1行30〜35文字（半角65文字）程度で改行してください。
④半角カタカナや機種依存文字（①②③ⅠⅡⅢ℡㊤など）は使わないでください。
⑤署名（氏名、所属、メールアドレスなど）を付けて、差出人がわかるようにしてください。
⑥相手の立場に合わせた表現を心がけてください（話題・言葉遣いに注意）。
⑦他の人に見られては困るような内容は書かないでください。
⑧添付ファイルを送る場合には、本文に必ず添付ファイルを送った旨を記述してください。
⑨大きなサイズの添付ファイルを送らないでください。または、送って良いか相手に事前に確認してください（サーバによっては容量に制限を設けているため）。
⑩電子メールの送付先がどのようなメールソフトを使っているかわか

> **Advice**
> 個人のメールでは、署名に基本的には携帯電話番号などの個人情報を載せない方が安全です。

> **Advice**
> 教員に質問する場合、なるべく大学ドメインのメールアドレスから送ってください。
> プライベートのメールアドレスから送られてきたメールは、送信者が特定できない場合があります。

らない場合は、テキスト形式でメールを送ってください。

■受信時・受信後の注意点

①ウイルス感染に気を付けてください（2.4.2参照）。
②フィッシング詐欺のメールに注意してください（2.4.2参照）。
③迷惑メールやチェーンメール（メール版不幸の手紙）は無視してください。
④他人からのメールはしっかり管理し、勝手に転送しないでください。

Attention

◆HTML形式とテキスト形式

　HTML形式のメールとは、本文中に図や画像を貼り付けることなどが可能なメール形式で、最近では企業のメールマガジンなどでもよく用いられています。しかし、ウイルスを混入される危険性があるため、「テキスト形式で受信する」という設定にして、HTML形式ではメールを受け取らないという人もいます。

　テキスト形式のメールとは、書式のない文字だけのメールです。

2.4 情報セキュリティ

情報セキュリティとは、大切な情報を守り、インターネットや情報通信技術を安心して利用するための安全性のことです。近年、ネットワークにおける脅威は増加傾向にあり、深刻な問題となっています。ここでは、インターネットの危険性をはじめとした情報に関する各種のリスクを知り、高度情報化社会において利用者全員に必要な最低限の情報セキュリティ対策について学習します。

2.4.1 情報に関する各種のリスク

インターネット上には、悪質な行為をする**クラッカー**と呼ばれる人々が存在しています。クラッカーは、本来、部外者は入ることができないネットワークに許可なく侵入し、パソコンのデータを盗んだり、破壊したりします。最近は、クラッカーによる金銭目的の犯罪も増えています。以下に、主な情報に関する各種のリスクを挙げます。

図2-17 クラッカーとマルウェア

■【リスク1】不正アクセス

不正アクセスとは、他人のコンピュータに許可されていない手段で不正にアクセスすることを言います。不正アクセスによって行われるコンピュータ犯罪には、**なりすまし**、**盗用**、**漏洩**、**改ざん**、**破壊**といったものがあります。

不正アクセスによって、SNSが乗っ取られ本人が知らない間に書き込みをされたり、他のコンピュータへの攻撃の踏み台に利用された事件などが、最近ニュースとして報じられています。

■【リスク2】マルウェア

マルウェアとは、悪意のあるソフトウェアのことです。マルウェア

Attention

クラッカーは、身元が特定されないように、複数のパソコンを経由して目的のパソコンに侵入することが多いと言われます。セキュリティ対策が万全でないと、クラッカーに攻撃されるだけでなく、他のパソコンへの攻撃や犯罪に利用される危険もあります。

Attention

本人に無断で、他人のID・パスワードを用いてサービスを利用することは、「不正アクセス行為の禁止等に関する法律」に違反する可能性があります。

Attention

スパイウェアは、フリーソフトと一緒にインストールされるケースが多くみられます。インストールの際、**使用許諾契約**にスパイウェアについて明記されていることもありますが、熟読していないと知らずにインストールしてしまう場合もあり、注意が必要です。

Attention

ウイルスに感染していても、利用者がそのことにまったく気が付かない場合もあります。

にはコンピュータウイルス、ワーム、スパイウェアなどの不正プログラムがあります。

①**コンピュータウイルス**は、パソコンに記憶されているファイルに入り込んで（これを感染という）、その内容を変更するプログラムです。これによってファイルのデータが破壊されたり、パソコンの動作が不安定になったりします。コンピュータウイルスが次々にファイルに感染することで被害が大きくなります。

②**ワーム**は、コンピュータウイルスと同じような悪事を働きますが、ワーム自身が悪質な動作をします。インターネットやUSBメモリーなどを介して、他のパソコンなどに拡散していきます。

③**スパイウェア**は、インストールされたパソコン内の個人情報を収集したり、パソコンの操作履歴情報などを記録して、それらの情報をスパイウェアの作成者などに送信するプログラムです。

●**マルウェアに感染した場合のリスク**

マルウェアに感染すると、以下のようなことが起こる可能性があります。

①パソコン内のファイルが消去されます。
②パスワードなどが外部に自動的に送信され、情報の漏洩が起こります。
③パソコンが起動できなくなります。
④パソコンに「バックドア」と呼ばれる裏口が作成され、外部から遠隔操作されます。

図2-18 マルウェアに感染した場合

Keyword

◆ダウンロード
　インターネットから手元のパソコンにファイルを取り込むことを指します。ソフトウェアをダウンロードしてインストールする前には、利用規約をよく確認してください。

Keyword

◆標的型攻撃メール
　特定の組織や個人を狙ったメールで、仕事などに関係したメールと見分けができないように巧妙に作り込まれています。ほとんどの場合、非常に悪質なウイルスが付けられており、大きな問題となっているので、注意が必要です。

●マルウェア感染経路

マルウェアは、以下のような経路で感染する場合が多いので、注意が必要です。

①Webページ
②インターネットでダウンロードしたファイル
③USBメモリ
④電子メールの添付ファイル
⑤HTML形式のメール
⑥ファイル共有ソフト

図2-19 マルウェア感染経路

■【リスク3】ネット犯罪

①フィッシング詐欺

フィッシング詐欺とは、ユーザーを偽りのWebサイトに誘い込み、個人情報をだまし取ろうとするインターネット上の詐欺です。金融機関を名乗って電子メールを送りつけ、メール本文から巧妙に作られた偽のWebページに誘導して、個人情報や暗証番号などを入力させるなどの手口が代表的です。

②ワンクリック詐欺

ワンクリック詐欺とは、Webページ閲覧時に画像や文字をクリックしただけで、身に覚えのない利用料金などを請求してくる詐欺です。電子メールで悪質なWebページに誘導する場合もあります。

③ネットオークションの詐欺

ネットオークションやネットショッピングでは、トラブルが多発し

Keyword

◆ファイル共有ソフト

パソコン同士がファイル交換を行うためのソフトウェアです。ファイル共有ソフトを使った、著作権を無視した映画や音楽などのデータのやりとり（犯罪）が問題になっています。

また、これらのソフトを標的にしたコンピュータウイルスによる個人情報、機密情報の漏洩なども発生しており、多くの組織で使用が禁止されています。

Advice

◆ネットショッピングの注意点

インターネットでのショッピングでは、少なくとも以下の点を確認してください。
・会社概要（特に住所、連絡先）
・支払い方法、返品対応や送料などの料金に関する情報
・プライバシーポリシー（収集した個人情報をどのように取り扱い、管理や保護を行うかといった基準や方針）
・SSL/TLSに対応しているか
・商品の詳細情報

2.4 情報セキュリティ

ています。「代金を支払ったにもかかわらず商品が届かない」などの事例も多く報告されています。サイトによる補償体制や管理体制をしっかり見極める必要があります。

図2-20　フィッシング詐欺

④違法取引

海賊版コンテンツなどの販売は著作権侵害となります。著作権を侵害したものと知りながらダウンロードしたり、購入した場合は、ダウンロードした人や購入者も罰せられます。

■【リスク4】災害・故障

地震、洪水などの自然災害やパソコンの故障などが原因で、情報システムが利用できなくなったり、大切なデータを失ったりすることがあります。

■【リスク5】紛失・盗難

人的なミスによるデータの消去やパソコン・USBメモリなどの紛失の危険性もあります。その他、パソコンやスマートフォンなどの盗難被害や、組織の内部関係者による情報漏洩も問題となっています。

2.4.2 情報セキュリティ対策

次に、インターネット利用者にとって必要な最低限の情報セキュリティ対策を挙げます。

図2-21 セキュリティ対策

■【対策1】ユーザーIDとパスワードの管理

ユーザーIDと**パスワード**を他人に知られてしまうと、勝手にパソコンを使われたり、インターネット上で本人になりすまして書き込みをされる危険があります。また、情報システム全体が危険にさらされることにもつながります。パスワードなどが他人に知られてしまった場合、そのパスワードの持ち主に対して、管理責任が問われることになります。

パスワードは、以下の点に注意して管理してください。

①他人に見られる場所にパスワードのメモを残さないでください。
②パスワードには他の人に簡単に推測できるもの（誕生日、電話番号、辞書に出てくる単語など）を使わないでください。
③大文字と小文字を組み合わせたり、記号（!、#など）や数字と組み合わせたりして、できるだけ長いパスワードにしてください。
④パスワードは定期的に変更するようにしてください。
⑤入力しているところを他人に見られないようにしてください。
⑥パスワードについて質問されても答えないようにしてください。
⑦ネットカフェなど共用パソコンには入力しないでください。
⑧パスワードはパソコンに保存しないでください。
⑨同じパスワードを複数のサービスで使い回さないでください。

Keyword

◆ログイン・ログアウト
　メールなどの情報システムにアクセスするときはユーザーIDとパスワードを入力しますが、これらが承認されて利用が許可された状態のことを**ログイン**（ログオン）と言います。一方、ログイン状態を解除し、利用を終了することを**ログアウト**（ログオフ）と言います。

Advice

パスワードを忘れないように、信頼できるパスワード管理ソフトを利用する人もいます。

■【対策2】ソフトウェアの更新

OSやあらゆるソフトには、セキュリティ上の弱点(**セキュリティホール**、**脆弱性**とも言われます)が残されている場合があります。クラッカーやマルウェアはその弱点を狙う場合が多いのです。

マイクロソフト社は、セキュリティホールが発見されるとWebページに修正プログラムを載せます。修正プログラム(パッチ)とは、ソフトウェアの問題を修正するソフトウェアのことです。**Windows Update**により、Windowsのシステムを最新の状態に保ってセキュリティの弱点を減少できます。

その他のソフトウェアについても、各メーカーの更新情報を収集して、アップデートを行う必要があります。

■【対策3】ウイルス対策ソフトの導入

ウイルスを発見・駆除するウイルス対策ソフトを導入してください。そして、**ウイルス定義ファイル**は常に最新のものとなるよう更新してください。ウイルス定義ファイルが更新されていないと、新種のウイルスに感染してしまうリスクが高まります。

■【対策4】ファイアウォールの導入

ファイアウォールは外部からの不法侵入を防ぐものです。Windows 10では、Windowsファイアウォールという機能が利用できます。これにより、クラッカーの侵入・不正アクセスと、個人情報の漏洩を防ぐことができます。

また、最近は、ウイルス対策だけでなく、パーソナルファイアウォールやフィルタリングなどの機能を備えた、総合セキュリティ対策ソフトが普及しています。

図2-22　ファイアウォール

Attention

サポート期間が終了してしまったソフトウェアは、脆弱性を抱えたままとなり、クラッカーに狙われます。利用しつづけるのは非常に危険です。

Advice

◆Windows Updateの設定

Windows Updateの設定画面(Windows 10)は、[スタート]ボタン→[設定]→[更新とセキュリティ]→[Windows Update]で表示されます。

詳細は、マイクロソフト社のWebサイトを参考にしてください。
http://windows.microsoft.com/ja-jp/windows-10/getstarted-choose-how-updates-are-installed/

Attention

セキュリティ上の弱点をそのままにしていると、ウイルス対策ソフトを導入していても、ウイルスに感染することがあります。また、**ゼロデイ攻撃**(脆弱性が発見されてからメーカーが修正プログラムを配布するまでの期間に行われる攻撃)も問題になっています。そのため、最新動向を確認し、怪しいWebページにアクセスしないなど、危険となりうる行為を避けるよう注意が必要です。

Keyword

◆フィルタリング

怪しいサイトへのアクセスを避け、問題のないWebページのみを閲覧できるように選別する機能です。

■【対策5】外部から入手する怪しいファイル・メールなどに注意

以下の点を注意してください。

① 怪しいWebページは、閲覧しないようにしてください。
② むやみにWebからソフトウェアやファイルをダウンロードしないでください。
③ 怪しいメールは開かずに削除した方が良い場合があります。知人のメールアドレスからのメールでも、不自然な添付ファイルが付けられている場合などは、開かずに削除するか、本人に確認してください。
④ HTML形式のメールでは、プレビュー表示しただけで感染するものもあるので注意してください。
⑤ むやみにUSBメモリを差し込まないでください。
⑥ ファイル共有ソフトは、多くの組織で使用が禁止されています。

■【対策6】ネット犯罪対策

ネット犯罪に巻き込まれないように、最新の手口や対応策などについての知識を深めましょう（2.6参照）。

トラブルなどに巻き込まれたときは、次の組織に相談するとよいでしょう。

・各都道府県警察本部のサイバー犯罪相談窓口
・総務省電気通信消費者相談センター

■【対策7】バックアップ

バックアップとは、ハードウェアの故障・ウイルス感染・停電などによりデータの破壊や消失が起きてもデータを復元できるように、大切なデータを別のメディアに保存しておくことです。万一に備え、定期的にファイルのバックアップをとっておきましょう。

Attention

SNSや電子掲示板には、悪質なWebページへのリンクが貼られている場合があります。むやみにリンクをクリックしないようにしてください。

Attention

偽のウイルス対策ソフトに注意してください。「『あなたのコンピュータがウイルスに感染しています』といったメッセージを表示し、偽のウイルス対策ソフトのダウンロード先に誘導する」という方法でウイルスをインストールさせる悪質な手口が存在します。

Advice

万一、コンピュータウイルスに感染したときは、ウイルスを拡散しないように、まずはインターネットの接続を遮断してください。

■コラム■　スマートフォン・タブレット端末の注意点

スマートフォンやタブレット端末も高度な機能を持つ情報端末です。これらの端末にはアドレス帳や位置情報などのプライバシー情報が保存されているため、セキュリティ対策が必要です。スマートフォンやタブレット端末を利用するときは、以下の点に注意してください。

①盗難や置き忘れに注意してください。
　→ 万一に備えて、パスワードロックをかけてください。
②廃棄の際は、個人情報を完全に消去してください。
　→ 個人情報収集を目的に、廃棄された端末が売買されることがあります。
③OSやアプリを最新の状態にしてください。
　→ 古い状態のままでは、クラッカーに狙われます。
④アプリをインストールするときは十分に注意してください。
　→ 悪質なアプリが流通しています。むやみにアプリをインストールするのは危険です。
⑤アプリのインストール前に、アプリの権限や利用条件・規約を確認してください。
　→ アプリの中には個人情報収集を目的としているものもあります。
⑥位置情報に注意してください（特にSNSなどに写真を投稿するとき）。
　→ 設定にもよりますが、撮影した写真には、撮影場所・日時・位置情報などの情報が含まれます。
⑦オンラインゲームなどに夢中になり情報端末を手放せない「ネット中毒」にならないように注意してください。
　→ 健康被害やマナー違反が問題になっています。長時間の利用は控え、スマートフォンなどの携帯電話を使いながら歩く「歩きスマホ」はやめましょう。

便利なスマートフォンや
タブレットはクラッカーに
狙われています

図2-23　スマートフォン・タブレットの危険

2.5 情報モラル

情報を扱う上で守らなくてはならない道徳的な規範のことを**情報モラル**、または**情報倫理**と言います。情報モラルは、一般社会におけるモラルやマナーと大きく違うわけではありません。相手の立場に立った行動を推し進めて考えれば、自ずと明確になるようなことです。ここでは、情報発信の注意点、個人情報、知的財産権について学習します。

2.5.1 情報発信の注意点

ここで言う情報発信とは、**SNS**、**Webページ（ホームページ）**、**ブログ**、**電子掲示板**などの不特定多数の人が閲覧できる場所に、自分の意見や主張、感じたことなどを発信することです。

ネット上の発言は、国籍、年齢を問わず様々な人によって読まれます。インターネットでは通常相手の顔が見えないため、様々なトラブルに巻き込まれる可能性があります。情報発信時には、以下の点に注意してください。

①情報を見た人が、傷ついたり、不愉快になったりしないように、内容、言葉などに注意してください。公序良俗に反する内容、誹謗中傷は、発信する情報として相応しくありません。
②匿名・非匿名に関わらず、発言には責任を持ってください。
③インターネット上に一度流出した情報を完全に消すことは困難な場合が多いので、書き込む内容には注意が必要です。
④自分・他人の個人情報はむやみに載せないでください。

■SNS

SNS（Social Networking Service）とは、そのサービスに登録している人だけに限定されるコミュニケーションサービスです。例えば、世界的に利用者が多く、原則実名で登録するFacebook、短いつぶやきを投稿するTwitter、写真の投稿が中心のInstagramなどがあります。

SNSは、とても身近で便利なコミュニケーション手段であると言えますが、最近ではアカウントの不正利用や、知り合い同士の空間であるという安心感を利用した詐欺やウイルス配布の被害などの事例が発生しているため、注意が必要です。

また、プライバシー設定で友人のみに公開している場合であっても、写真や書き込み情報が思わぬ形で流出する危険性もあります。

Advice

HTMLとは、Hyper Text Markup Languageの略です。Webページを編集するときは、タグと呼ばれる特殊な文字列を使って、段落の設定をしたり、文字の色を変更したり、文字にリンクを貼ったりします。ただし、ホームページ作成ソフトを利用すれば、ワープロ感覚で作成できます。

<P>テニスサークル</P>
開始タグ　　　　　終了タグ

Keyword

◆ブログ
文字を入力するだけで簡単に記事を作成できる情報発信用サイトです。自分のブログについて、他の人がリンクを貼って感想を書いた場合、そのことを教えてくれる**トラックバック**という機能があります。

Keyword

◆電子掲示板
テーマにそった意見・要望・感想などを投稿することができる、コミュニケーションサイトです。

Advice

掲示板などでは、多くの場合、書き込みを行ったコンピュータのIPアドレスやドメインなどの履歴情報を保存しているので、匿名による書き込みであっても接続先などが特定されることがあります。

2.5.2 個人情報

個人情報とは、個人に関する情報であり、その中に含まれる氏名、生年月日やその他の記述などにより、特定の個人を識別することができるものを言います。個人情報が悪用されると、プライバシーが侵害され、精神的なダメージを受けたり、安全が脅かされたりすることがあります。個人情報を自分で管理し、守るために、以下のような個人情報の取り扱いの注意が必要です。

①自分の個人情報をむやみに入力しないでください。

本来の目的以外に利用される可能性がある場合、アンケートや懸賞などで個人情報をむやみに開示しないでください。

②他人の個人情報を勝手に公開しないでください。

自分だけではなく、他人の個人情報もWebページやブログで公開してはいけません。SNSなどに友人と出かけたことなどを書き込むときも、他人の氏名や写真などの個人情報を許可なく載せてはいけません。

③Webで個人情報を入力するときは、そのサイトがSSL/TLSに対応しているか確認してください。

httpsから始まるURLには、ブラウザ上で鍵マーク（暗号化通信）が付けられます。**SSL**（Secure Socket Layer）/**TLS**（Transport Layer Security）は、データを暗号化してやりとりするためのプロトコルで、WebブラウザとWebサーバ間を暗号化して通信します。

閲覧中のサイトが有効なSSL/TLS証明書を所有しているか、証明書情報にごまかしがないかを確認してください。

Attention

SSL/TLSに対応しているサイトであっても、極力個人情報を入力しないよう心がけましょう。

図2-24　SSL/TLS

Attention

インターネット上に面白半分に書いたことや、アルバイト先などでの出来事を書いたことが原因で、**炎上**という批判が殺到した状態になることがあります。このような場合、ハンドルネームや匿名で書き込まれた投稿であっても、投稿者が特定されることが多々あります。

④ハンドルネームを使うなどの工夫をしてください。

電子掲示板に書き込みをしたり、ブログなどで情報発信をしたりするときは、ネット上のニックネームである**ハンドルネーム**を使う方が良い場合もあります。

■コラム■ 暗号化

大切な情報は、暗号化して送ったり、保管したりする必要があります。暗号化される前の文字列を**平文**、暗号化された後の文字列を**暗号文**、暗号文を作るために使うビット列を**鍵**と言います。また、平文から暗号文を作ることを**暗号化**、暗号文から平文に戻すことを**復号**と言います。

暗号化と復号で共通の鍵を用いる方式を「**共通鍵暗号方式**」と呼びます。この方式では、まず共通鍵を用いてデータを暗号化します。これを受信者に送るときに、暗号文だけを送られても受信者側では平文に戻せないので、暗号化に用いた共通鍵も送る必要があります。この際に、共通鍵が盗まれるという可能性があり、これが1つの問題点となっています。

その欠点を補うために考案されたのが「**公開鍵暗号方式**」です。この方式では、2つの鍵を図2-25のように使います。発信者は、平文を受信者が公開している暗号化するための鍵（公開鍵）で暗号化して、受信者へ送ります。受信者は、発信者から送られてきた暗号文を秘密鍵を使って開きます。秘密鍵は、公開しない鍵なので、受信者以外は暗号文を開くことができません。そのため、公開鍵暗号方式は共通鍵暗号方式と比べて安全です。

ただし、この方式には処理が複雑で時間がかかるという欠点があります。そこで、最初に共通鍵を公開鍵暗号方式で暗号化して送信し、それ以降のやりとりは速度の速い共通鍵暗号方式で行う方法が用いられています。

このような暗号技術は電子署名などで使用されており、インターネットにおけるデータの送受信の安全性向上に貢献しています。

図2-25 公開鍵暗号方式

2.5.3 知的財産権

知的財産権とは、アイデアや技術など形のないものを財産として認め、無断で使用されることのないよう一定期間、保護するための権利で、大きく**産業財産権**と**著作権**に分かれています。日本では、産業財産権は申請して認められたものに対してのみ付与されますが、著作権は申請しなくても創造（創作）と同時に付与されます。これらの権利を侵害することは法律で禁止されています。

人間の思想や感情を文字や音、絵、写真で創造的に表現したものを**著作物**と言い、音楽、美術、小説、映画、コンピュータプログラム、Webページなど、創作的に表現されたものが該当します。インターネットに公開されている情報（絵、写真、文など）にも著作物を保護す

Attention

知的財産権とは異なりますが、情報発信時に気を付けるべき権利に**肖像権**があります。自分で撮影した写真や動画でも、その写真に写っている人に無断で公開すると、その人の肖像権を侵害する行為になりえます。

Keyword

◆フリーソフト
著作権は存在しますが、無料で使用できるソフトです。一般的に動作保証やサ

る権利である著作権が存在します。

　自分のWebページに、他の人のデータや書籍・雑誌などの記事や写真を無断で転載することは、著作権を侵害する行為となります。ソフトウェアは、通常、ライセンス契約に基づいて使用が許諾されることが多く、この場合、各ライセンス契約の範囲内でのみ利用できます。

ポートがなく、ソフトにバグやトラブルが発生してもソフトの開発者に責任や修正の義務はなく、トラブルに対応してもらえません。したがって、使用者の責任で使用することになります。ダウンロードは信頼できるWebサイトから行う必要があります。また、ダウンロードしたソフトは必ずウイルスチェックをしてください。

Keyword
◆パブリックドメイン
　著作権の保護期間が終了したもの、または、作者が著作権を放棄したものを指します。

```
                ┌─ 産業財産権 ─┬─ 特許権
                │              ├─ 実用新案権
                │              ├─ 意匠権
知的財産権 ─────┤              └─ 商標権
                ├─ 著作権 ─────┬─ 著作者人格権
                │              ├─ 著作財産権
                │              └─ 著作隣接権
                └─ その他
```

コピーライト＝著作権

作品（著作物）を作った人が持っている権利

 美術品
 パソコン用CD　音楽CD・DVD
 本・文集
 写真
 音楽　映画

 Webページやブログ

作品を作ればプロでもアマチュアでも関係なく著作権が発生します

Ⓒ　桜　リン

名前の前に付いているⒸはコピーライトのマークです
他の人の作品を使いたいときは、その人の許可を得てください

図2-26　知的財産権

Keyword
◆CCライセンス（クリエイティブ・コモンズ・ライセンス）
　作品を公開する作者が「この条件を守れば私の作品を自由に使って構いません」という意思表示をするためのツールです（参考：クリエイティブ・コモンズWebサイト　https://creativecommons.jp/licenses/）。

2.6 参考になる Web サイト

　インターネットを取り巻く世界は日々変化しています。セキュリティ対策や著作権ルールなどについても、日々最新情報に注意して、自分のパソコンや情報を自分で守ることが必要です。

　以下に、インターネット利用について学習するのに、おすすめのWebサイトを紹介します（2016年12月現在のURLです）。これらの情報も参考にして、学生の皆さんが社会人になっても、安全で効果的に、そして楽しくインターネット技術を活用されることを願っています。

■情報セキュリティ関連

●独立行政法人 情報処理推進機構（IPA）情報セキュリティ
　https://www.ipa.go.jp/security/

●総務省 国民のための情報セキュリティサイト
　http://www.soumu.go.jp/main_sosiki/joho_tsusin/security/

●警視庁 サイバー犯罪対策 情報セキュリティ対策ビデオ
　http://www.npa.go.jp/cyber/video/

■著作権関連

●文化庁 著作権
　http://www.bunka.go.jp/seisaku/chosakuken/

●公益社団法人 著作権情報センター（CRIC）
　http://www.cric.or.jp/

■コラム■ ビットとバイト……情報の量を表す単位

コンピュータの内部のデータはすべて0と1の2種類の数で表現（デジタル化）されています。0と1の組み合わせだけで、様々な数を表現する方法を**2進数**と言います。

ビット（bit）は、Binary digitを略したもので、0か1かの2つの状態のどちらかを表すのに必要な情報量が1ビットです。つまり1ビットで、1つの1か0を記憶することができます。

文字や画像も0と1の組み合わせだけで表現されているのです。

例えば、メモ帳でAという文字を入力した場合も、コンピュータの世界では01000001のように、0と1の組み合わせだけで記録されています。

図2-27　デジタル化のイメージ

コンピュータ内部では8ビット分をまとめた単位でデータを扱います。この単位が**バイト**（byte）で、1バイトは8ビットに相当します。

1バイトは、2つの状態を表すことができるビットが8つあるので、256通りの組み合わせが表現できます。

2×2×2×2×2×2×2×2＝256

図2-28　2進数のイメージ

バイトはBというアルファベット1文字で表示されることが多いです。

数が大きくなるにつれて、KB(キロバイト)、MB(メガバイト)、GB(ギガバイト)、TB(テラバイト)といった表現になります。

▍Attention▍

1KB=1000バイトではなく、1KB=1024バイトになります。

これは、2^{10}は、1000ではなく、1024になるからです（2の累乗ではぴったり1000になりません）。

　　　1KB=1024B
　　　1MB=1024KB（=1,048,576B）
　　　1GB=1024MB（=1,048,576KB　=1,073,741,824B）

第3章 Microsoft Word

3.1 文書作成と Word
　　■ Word でできること

3.2 Word の基本操作
　　■ 起動／終了、文字の入力、文書の保存、文書の印刷

3.3 書式設定―基礎編―
　　■ ページ、文字、改ページ、段落、インデント、段組み

3.4 書式設定―応用編―
　　■ 脚注、ページ番号、ヘッダーとフッター、箇条書き、段落番号、アウトライン

3.5 表・図・写真の追加
　　■ 表、図・写真、オンライン画像、ワードアート、オートシェイプ

3.1 文書作成と Word

この章では、ワープロソフトとして広く使用されている、Microsoft Word 2016（以下、Word）を使用した文書作成を基礎から学びます。

3.1.1 Word でできること

Wordでは文書を入力するだけでなく、様々な文書作成ツールを使用し、文字の書式を整えたり、文書中に表や図を挿入できます（Excelを使用して作成したグラフを文書中に入れることもできます）。また、簡単な図の作成やインデントの設定、ページ番号の挿入も可能です。アウトラインや箇条書きの機能を使用して文書をまとめることもできます。

図3-1、図3-2に、文書の作成例を示します。この章の内容を終える頃には、このような文書を作成できるようになることが目標です（ただしグラフについては、「第4章 Microsoft Excel」で学びます）。

3.1.2 文書を作成する前に

文書を作成する際には、文書の構成を考え、適切な書式を使用して読み手に見やすく、わかりやすい文書を作成するように心がけましょう。また、必要に応じて表や図を使うことも有効です。

文章の作成においては、著作権に配慮（2.5.3参照）しなくてはなりません。また、何らかの本、論文、資料から記述を引用した場合には、必ず引用文献（あるいは、参考文献）として記載するようにしましょう。他人の記述をあたかも自分の意見のように記述することは、**剽窃**（ひょうせつ）と言われ、固く禁じられています（他人のレポートを写す、自分のレポートを写させるようなことも、剽窃に含まれます）。剽窃が明らかになった場合には、厳重な処罰を受ける場合があります。他人の考え・記述を引用する場合にはその旨を示し、自分の意見と明確に分けて記述しましょう。

> **Advice**
> 文書を入力する際には、段落の最初の行の文字は1文字下げて書き始めると、見やすくなります。複数のページからなる文書を作成する場合には、ページ番号を各ページに入れるようにするとよいでしょう。

> **Advice**
> 構成を考えながら文書を作成する場合には、アウトラインの機能を使用しながら作成するのもよいでしょう。

図3-1　レポートの作成例

図3-2　企画書の作成例

3.2 Word の基本操作

ここでは、Wordの基本的な操作方法について学びましょう。

3.2.1 Word の起動／画面構成／終了

■起動方法

Wordは、デスクトップ左下の［**スタート**］ボタン ⊞ で表示したスタートメニューから［**Word 2016**］をクリックして起動します（図3-3）。

図3-3　Widnows 10におけるWordの起動方法

新規にWordを起動すると図3-4のような画面が表示されます。この画面では、「**テンプレート**」と呼ばれる様々な形式の文書のひな形が表示されます。新しい文書を作成するときは、［**白紙の文書**］をクリックして編集画面を表示します。

図3-4　テンプレートの選択画面

■画面構成

Word基本画面の各部の名称を押さえておきましょう（図3-5）。それぞれの機能は表3-1にまとめてあります。

図3-5　Word 2016の画面構成

表3-1　各部の機能

名　称	機　能
［ファイル］タブ	ファイルを開く、保存する、印刷するといった基本的なコマンドを使うときに使用するBackstageビューを表示します（情報、新規、開く、上書き保存、名前を付けて保存、印刷、共有、エクスポート、閉じる、アカウント、オプション）。編集画面に戻る場合には ← をクリックします
クイックアクセスツールバー	保存、元に戻すといったコマンドを使うときに使用します。よく使うコマンドを自分で追加することもできます
タイトルバー	編集中のファイル名と使用中のソフト名（Word）が表示されます
最小化ボタン	画面を一時的に隠すときに使用します。クリックすると画面が消えますが、プログラムは終了しません。再び画面を表示したい場合は、タスクバー上で最小化されたタスクボタンをクリックします
最大化ボタン（元に戻す（縮小）ボタン）	ウィンドウを画面全体に表示させる場合に使用します。すでに画面全体に表示されている場合には、クリックすることでウィンドウを元の大きさに戻します
閉じるボタン	ファイルを閉じるときに使用します。アプリケーションを終了させるときにも使用します
リボン	様々な作業をするときに使用します（図3-6、表3-2参照）
編集画面	編集中の文書が表示される部分です。印刷したときのイメージを確認しながら文書を作成する場合には、文書の表示方法を「印刷レイアウト」にすると便利です。他に「閲覧モード」「Webレイアウト」「アウトライン」「下書き」があります
表示ボタン	文書の表示方法を変えるときに使用します
スクロールバー	文書をスクロールするときに使用します
ズームスライダー	文書の表示倍率を変更するときに使用します
ステータスバー	文書に関する情報（ページ数や文字数、入力モードなど）を表示します
コンテキストツール	オブジェクト選択時など状況によって、編集に必要なコマンドボタンがリボンに表示されます

※コンテキストツールはオブジェクトなどを選択したときのみ表示されます。図3-5では表示されていません。

リボンでは、様々な機能（コマンド）がタブごとにまとめられています。タブをクリックすることで、コマンド群を切り替えることができます（図3-6、表3-2）。

図3-6　リボンの各部の名称

表3-2　リボンの各部の機能

名　称	機　能
タブ	機能（コマンド）を切り替えるときに使用します
グループ	ある機能に関するコマンドがまとめられています
ダイアログボックス起動ツール	グループのダイアログボックスを開くときに使用します

リボンの表示はウィンドウの横幅の長さに応じて変化します（図3-7）。ExcelやPowerPointでも同様です。

図3-7　ウィンドウの横幅が長い場合のリボン表示

■**文書の保存**

文書を作成しても、そのままではその内容が保存されません。文書を作成したら必ず保存するようにします。保存する際には、保存する形式、保存先（文書を保存する場所）とファイル名を決める必要があります。ファイル名とは、コンピュータがファイルを特定するために付ける名前のことです。

文書をファイルに保存するには、 ファイル （[ファイル] タブ）をクリックし、左のメニューから [**名前を付けて保存**] → [**このPC**] をダブルクリックし、[**名前を付けて保存**] ダイアログボックスで保存先とファイル名を指定して [**保存**] ボタンをクリックします。このとき、ファイルの種類は通常「Word文書」になります。Word文書で保存した場合、ファイルの拡張子は「docx」になります。

■**Attention**

ファイル名には、半角文字の「/ * ｜ ￥ ? : > < "」を使用することはできません。

■**Attention**

[**Word文書**] の拡張子は「docx」に、[**Word97-2003文書**] の拡張子は「doc」になります。

図3-8　文書の保存の仕方

■終了方法

　Wordを終了するときは、右上の閉じるボタン（✕）をクリックします。

図3-9　Wordの終了

　このとき、文書に何かを入力したり、変更したりしているにもかかわらず、ファイルを保存していなかった場合には、図3-10のようなメッセージボックスが表示されます。保存する場合には［**保存**］をクリックし、ファイルの保存場所とファイル名を決めて保存します。ファイルを保存する必要がない場合には［**保存しない**］をクリックします。誤って閉じるボタンをクリックしてしまった場合など、Wordを終了したくないときは、［**キャンセル**］をクリックします。

図3-10　ファイルを保存せずに終了しようとした場合

3.2.2 文字の入力

次に、文字の入力について、学びましょう。Wordでは、編集画面でカーソルのある位置に文字を入力することができます。

練習問題 3-1

(1) 新しい文書を開き、以下の文書を入力しなさい。

> 手元を見ないでキーボードを打つことは、最初は難しく感じられるかもしれません。しかし、練習を続けるうちに、次第に見ないで打てるキーが増えていきます。短い時間でも構いませんから、焦らずに毎日練習を続けることが大切です。タイピングソフトを利用して練習することも有効です。

(2) (1)の「**しかし、練習を続けるうちに**」を、「**しかし、タッチタイピングの練習を続けるうちに**」と修正しなさい。

(3) ファイル名「**タッチタイピング**」、拡張子「**docx**」(**タッチタイピング.docx**)とし、適切な場所に保存しなさい。

> **Advice**
> 右端まで文字を入力すると、次の文字はWordが自動的に次の行に表示してくれます。段落を変えるなど、特に改行したい場合を除いて、自分で改行する必要はありません。

> **Advice**
> 新規に文書を作成するには、 ファイル ([ファイル]タブ)→[新規]→[白紙の文書]を選択します。

3.2.3 文字列の選択

Wordでは、文字列を選択し、それをコピーしたり、削除したり、その書式を変更したりすることが可能です。例えば、すでに入力されているのと同じ文字列を入力する場合は、すでに入力してある文字列をコピーし、貼り付けを行うと、再度入力する手間が省けるので大変便利です。

文字列を選択する場合、選択したい範囲をドラッグします。1行全部を選択する場合には、その行の左余白でクリックします。複数行にわたっている場合には、左余白をドラッグすることで選択できます。文書全体を選択する場合には、[**ホーム**]タブ→[**編集**]グループの[**選択**]→[**すべて選択**]をクリックすると便利です。

選択を解除する場合には、選択した部分以外の場所をクリックします。

図3-11　文字列の選択

　選択した文字列を削除する場合には、[Delete]か[Backspace]を押します。

　選択した文字列をコピーする場合には、リボンの[**ホーム**]タブ→[**クリップボード**]グループ→[**コピー**]をクリックします。移動をしたい場合（元の文字列が不要な場合）には、[**切り取り**]をクリックします。次に文字列を貼り付けたい位置にカーソルを移動させ、[**貼り付け**]をクリックします。

図3-12　文字列のコピー、切り取り、貼り付け

練習問題 3-2

図3-13の文書を入力しなさい。

特に改行してある部分を除いて、文書の途中で改行する必要はありません。また、見本と実際の改行位置が異なっても構いません（見本に合わせて文の途中で改行する必要はありません）。

途中で赤い波線が表示されることがあるかもしれませんが、気にせずに入力しなさい。また、英数字は半角で入力するようにしなさい。

図3-13 文書入力見本

■スペルチェック機能

入力している際に、赤や青の波線が表示されることがあります。これは、Wordの文書校正、スペルチェックの機能が働いているからです。赤い波線は入力の誤り（スペルミスなど。日本人の名前をアルファベットで表記した場合なども、しばしばスペルミスと認識されます）を、青の波線は文法的な誤りを意味しています。このような場合、その部分を右クリックすると修正候補一覧や誤りの種類が表示されます。修正候補の中に正しいものがある場合にはその候補をクリックします。修正候補に適切なものが見当たらない場合には、自分で誤りを修正しましょう。アルファベットで入力された名前などであれば、**右クリック→[辞書に追加]**を選択するとその文字列が辞書に登録されるので、

これ以降はスペルミスと認識されなくなります。また、もし入力した文字列が誤っていない場合には、[**無視**]をクリックします。

図3-14 校正機能・スペルチェック

3.2.4 文書の印刷

作成した文書を印刷するには、 ファイル （[ファイル]タブ）→ [**印刷**]を選択します。右側のプレビュー画面で、印刷イメージを確認できます。ここでは、プリンタ、印刷するページや、用紙設定等を変更することもできます。

Advice

印刷する場合は、必要に応じて、1ページに複数ページを印刷するなどのオプションを設定しましょう。使用するプリンタによっては、[**設定**]欄から両面印刷の設定も可能です。

図3-15 印刷

■検索・置換

　文書の中から、ある特定の文字列を探し出す場合には、[**ホーム**]タブにある検索機能を使用します。また、探し出した文字列を別の文字列に置き換える場合には、置換機能を使用すると便利です。

■ナビゲーションウィンドウを使用した検索

■高度な検索

高度な検索のためには、[**高度な検索**]を選択し、[**検索と置換**]ウィンドウを表示させます。
そして[**検索**]タブをクリックし、検索する文字列を入力します。

■置換

置換のためには、[**置換**]を選択し、[**検索と置換**]ウィンドウで[**置換**]タブをクリックし、検索する文字列と、それに置き換える文字列を入力します。

図3-16　検索・置換

3.3 書式設定—基礎編—

3.3.1 ページの設定

前節では文書の入力方法を学びました。この節では、文書の見栄えをよくするために、様々な書式の設定の仕方について学んでいきます。

まず、ページ全体の書式を設定します。[**レイアウト**]タブ→[**ページ設定**]グループの[**ダイアログボックス起動ツール**]をクリックし、[**ページ設定**]ダイアログボックスを表示させ、タブを切り替えながら細かい設定を行います。

● [ページ設定]ダイアログボックスを表示するには、①、②の順に選択します

● 一般にプロポーショナルフォントが使われているので、通常は[行数だけを指定する]を選択します
ただし、1行あたりの文字数が決められている場合には、[文字数と行数を指定する]にチェックを入れ、指定された文字数を設定します

● 行数を設定します
行数を設定すると、行送りは自動的に変更されます

図3-17 ページ設定（文字数と行数）

Advice

プロポーショナルフォントとは、文字の形によって文字幅が調整されている書体のことです。

● 上下左右の余白を設定できます

● 用紙を縦長に使用するか、横長に使用するかを設定します

図3-18 ページ設定（余白）

図3-19　ページ設定（用紙）

図3-20　ページ設定（その他）

> **練習問題 3-3**
>
> 練習問題3-2で作成した文書を、以下の設定に変更しなさい。
> ・余白：左右上下とも30mmに設定
> ・文字数と行数：行数のみを指定し、30行に設定

3.3.2　文字の設定

　文書を入力し終えたら、文字の設定も適宜変更します。例えば、タイトルなどは本文よりも大きめの文字にすると見やすくなります。ここでは練習問題3-3で作成した文書を使用して、フォント（書体）、フォントサイズ（文字の大きさ）、ボールド（太字）の設定などを学びます。完成見本は図3-21になります。

図3-21 完成見本

フォント（文字書体の種類）を変更する場合には、変更したい文字列を選択した後、[**ホーム**]タブ→[**フォント**]グループ→[**フォント**]の▼をクリックし、変更するフォントを選択します。

図3-22 フォントの設定

3.3 書式設定 ―基礎編―

様々な文字装飾を行う場合、まず文字列を選択し、[**ホーム**] タブ→[**フォント**] グループで設定します。

図3-23 [フォント] グループでの設定

文字の配置を設定する場合、文字列を選択してから [**ホーム**] タブ→ [**段落**] グループで設定を行います。

図3-24 文字の配置の設定

練習問題 3-4

以上の設定の仕方を踏まえて、練習問題3-3で作成した文書をもとに、図3-21の完成見本を作成しなさい。

3.3.3 改ページの設定

文書を入力している際に、章や項目の切れ目などで、ページを改めることがあります。そのような場合には、改行を繰り返してページを改めるのではなく（こうすると、文書の書式を変更した際に、ズレが生じる可能性があります）、改ページの機能を使うと便利です。

図3-25　改ページの設定

Advice

改ページ記号は、通常表示されていません。［**ホーム**］タブ→［**段落**］グループ→［**編集記号の表示/非表示**］（ ）をクリックすると表示されます。

3.3.4 段落の設定

段落とは、段落記号で区切られた、改行から次の改行の間の文のことです。段落に行間隔やインデントを設定することで文書をわかりやすく表現することができます。

■行間の設定

段落の行間を調整することで文書を読みやすくすることができます。

また、段落の前あるいは後ろに間隔を入れることで、図3-26のように文書の区切りを明確にすることができます。

行間や段落前後の間隔を設定する場合は、まず設定したい段落の任意の場所にカーソルを移動し、［**ホーム**］タブ→［**段落**］グループ→［**行と段落の間隔**］の▼をクリックします。表示されたメニューから、設定したい行間隔を選択します。

シングルスペースの場合は［**1.0**］、ダブルスペースの場合は［**2.0**］を選択します。

Hint

Wordでは1行を超えて入力すると右端で自動的に折り返されます。Enterを押すとその位置に が入り、改行することができます。 を段落記号と言います。

Advice

行間「**1行**」のことを「**シングルスペース**」、「**2行**」のことを「**ダブルスペース**」と言うことがあります。

Wordの標準的な設定は、「**1行**」（シングルスペース）です。行間「**2行**」（ダブルスペース）は、主に英文を書くときに使用されます。

3.3 書式設定 ―基礎編―

段落前に間隔を追加する場合は［**段落前に間隔を追加**］、段落後に間隔を追加する場合は［**段落後に間隔を追加**］を選択します。

図3-26　行間の設定例

図3-27　行間の設定

さらに細かい設定を行う場合は［**行間のオプション**］を選択し、表示された［**段落**］ダイアログボックスで設定します。

図3-28　行間の詳細な設定

■字下げ・ぶら下げ・インデント

　字下げやぶら下げ、インデントとは、文書を入力する際に各行の文字開始位置を右側にずらしたり、段落の左端や右端の位置をずらしたりすることです。

　字下げとは、文書を入力する際に、行頭の文字を他の文字よりも右側に寄せることを言います。日本語の文書では、段落の最初の行頭は1文字分下げます。

　また、段落の2行目以降の書き出しを下げることがあります。これを**ぶら下げ**と言います。

　インデントとは、段落の行端（左側および右側）の文字の開始位置・終了位置を変更することを言います。

図3-29　字下げ・ぶら下げ・インデントの例

　字下げやぶら下げ、インデントを設定する場合、まず設定したい段落の任意の場所にカーソルを移動します。その後、[**ホーム**] タブ→[**段落**] グループの [**ダイアログボックス起動ツール**] をクリックします。

図3-30　[段落] ダイアログボックスの表示

　表示された [**段落**] ダイアログボックスの [**インデントと行間隔**] タブで設定を行います。

図3-31　字下げ・ぶら下げ・インデントの設定

　また、字下げ、ぶら下げ、インデントは、水平ルーラー上のインデントマーカーを左右にドラッグすることでも設定できます。

図3-32　インデントマーカーによる字下げ・ぶら下げ・インデントの設定

3.3.5　段組みの設定

　段組みとは、段という仕切りに合わせて、複数の列にわたって文字を配置していくことを言います。日本語の文章は1行の文字数が多いと読みにくくなります。段組みを使って文字を折り返すと、長い文章も読みやすくなります。Wordでは1段組み、2段組み、3段組みといったような段組みが設定できます。

■段組みの例

この段落は 2 段組みです。この段落は 2 段組みです。この段落は 2 段組みです。この段落は 2 段組みです。この段落は 2 段組み	です。この段落は 2 段組みです。この段落は 2 段組みです。この段落は 2 段組みです。

こちらの段落は 3 段組みです。こちらの段落は 3 段組みです。こちらの段落は 3	段組みです。こちらの段落は 3 段組みです。こちらの段落は 3 段組みです。こち	らの段落は 3 段組みです。こちらの段落は 3 段組みです。

　段組みを設定するには、まず設定したい段落全体を選択します。[**レイアウト**]タブ→[**ページ設定**]グループ→[**段組み**]→[**2段**]あるいは[**3段**]をクリックします。

Advice

ルーラーが表示されていない場合は、[**表示**]タブ→[**表示**]グループ→[**ルーラー**]にチェックを入れると表示されます。

Hint

身近な段組みの例は、新聞です。新聞では1行が1ページの上から下まで続くわけではなく、1ページを何ブロックかに分割し、その中で改行してあります。

図3-33　段組みの設定

　詳細な設定を行う場合は、[**段組みの詳細設定**]を選択し、表示された[**段組み**]ダイアログボックスの[**種類**]欄で設定したい段組み数を選択します。また、[**設定対象**]を[**選択している文字列**]にします。

図3-34　段組みの詳細設定

|練習問題 3-5|

（1）次ページの文書「書式の練習」を作成し、「**書式練習.docx**」という名前で保存しなさい。

（2）「**書式練習.docx**」を開き、各段落の内容に合わせて、段落の書式を設定しなさい。

Advice
見本と実際の改行位置が変わっても構いません（見本に合わせて文の途中で改行する必要はありません）。

3.3 書式設定 —基礎編—

■書式の練習

書式の練習

この段落はシングルスペースです。この段落はシングルスペースです。この段落はシングルスペースです。
この段落はシングルスペースですが、最初の行を字下げし、その幅を1文字とします。
この段落はダブルスペースです。この段落はダブルスペースです。この段落はダブルスペースです。
この段落はシングルスペースで2段組みです。この段落はシングルスペースで2段組みです。この段落はシングルスペースで2段組みです。

この段落はシングルスペースで3段組みです。この段落はシングルスペースで3段組みです。この段落はシングルスペースで3段組みです。

この段落はシングルスペースですが、最初の行を字下げし、その幅を0.5文字とします。

この段落はシングルスペースですが、インデントを設定します。左のインデント幅を2文字、右のインデント幅を2文字に設定し、最初の行は字下げとし、その幅を1文字とします。

この段落はシングルスペースです。
この段落はシングルスペースです。段落前と段落後に1行分の間隔が入るように設定します。
この段落はシングルスペースです。
この段落はシングルスペースです。段落前に1行分の間隔が入るように設定し、字下げし、字下げ幅は2文字とします。

■完成見本

書式の練習

この段落はシングルスペースです。この段落はシングルスペースです。この段落はシングルスペースです。
　この段落はシングルスペースですが、最初の行を字下げし、その幅を1文字とします。
この段落はダブルスペースです。この段落はダブルスペースです。この段落はダブルスペー

スです。

| この段落はシングルスペースで2段組みです。この段落はシングルスペースで2段組みです。 | みです。この段落はシングルスペースで2段組みです。 |

| この段落はシングルスペースで3段組みです。この段 | 落はシングルスペースで3段組みです。この段落はシ | ングルスペースで3段組みです。 |

この段落はシングルスペースですが、最初の行を字下げし、その幅を0.5文字とします。

　　　この段落はシングルスペースですが、インデントを設定します。左のインデント幅を2文字、右のインデント幅を2文字に設定し、最初の行は字下げとし、その幅を1文字とします。

この段落はシングルスペースです。

この段落はシングルスペースです。段落前と段落後に1行分の間隔が入るように設定します。

この段落はシングルスペースです。

　この段落はシングルスペースです。段落前に1行分の間隔が入るように設定し、字下げし、字下げ幅は2文字とします。

3.4 書式設定—応用編—

前の節では基本的な書式設定の方法を学びました。この節では、より複雑な書式設定である脚注の挿入・ページ番号の挿入・ヘッダーやフッターの挿入や、箇条書き・段落番号・アウトラインについて学びます。

3.4.1 脚注の挿入

脚注とは、本文中の補足をページ下部などに注として表示するものです。文書中の単語の解説や注記などに使用されます。

Advice
脚注には同じページの下部に入る脚注と、文書の最後のページに入る文末脚注があります。

図3-35 脚注の例

「**脚注**」を設定するには、まず脚注を設定したい文字列を選択します。[**参考資料**]タブ→[**脚注**]グループ→[**脚注の挿入**]をクリックします。

図3-36 脚注の挿入

脚注を付ける文字列（図3-35では「**脚注**」）の後ろに自動的に脚注番号が付けられ、ページの最後に脚注欄が表示されます。脚注欄には、脚注番号が自動で表示され、その番号の右側にカーソルが移動しているので、脚注の内容を入力します。

入力を終えたら、本文中にカーソルを移動させると、本文の編集を続けることができます。

Advice
脚注を削除したい場合は、脚注の付いた文字列の後ろに付けられた脚注番号を選択し、[Delete]を押して削除します。

3.4.2 ページ番号の挿入

作成した文書が長く、複数のページにわたる場合は、ページ番号を振ります。ページ番号を振ると、印刷した場合にページの順番がわかりやすくなります。

■ページ番号の挿入

ページ番号を挿入するには、[**挿入**] タブ→ [**ヘッダーとフッター**] グループ→ [**ページ番号**] → [**ページの下部**] をポイントします。表示されたメニューからページ番号を表示する場所とデザインを選択します。

ページ番号の書式は、[**ページ番号の書式設定**] をクリックし、[**ページ番号の書式**] ダイアログボックスで変更することができます。

図3-37 ページ番号の挿入

■Advice

ページ番号を削除するときは、[**挿入**] タブ→ [**ヘッダーとフッター**] グループ→ [**ページ番号**] をクリックし、表示されたメニューから [**ページ番号の削除**] を選択します。

■表紙が含まれた文書のページ番号の設定

上記の方法でページ番号を設定するとすべてのページにページ番号

が振られます。しかし、通常、表紙にはページ番号は表示しません。その場合、［挿入］タブ→［ヘッダーとフッター］グループ→［フッター］をクリックします。［フッターの編集］を選択すると、［ヘッダー/フッター ツール］が表示されます。

［デザイン］タブ→［オプション］グループ→［先頭ページのみ別指定］にチェックマークを入れると、先頭ページとその他のページでは、別々の設定を行えるようになります。

図3-38 表紙のページ設定

次に、前述の方法で、［ページ番号の書式］ダイアログボックスを表示します。ダイアログボックス内の［連続番号］欄の［開始番号］にチェックを入れ、「0」（ゼロ）を指定すると、2ページ目のページ番号が「1」となります。

図3-39 表紙がある場合のページ開始番号の設定

3.4.3 ヘッダーとフッターの挿入

ヘッダーとフッターは、ページの上下に表示する、本文とは別の文字列や図のことです。ページの上部に表示するものをヘッダー、ページの下部に表示するものをフッターと言います。

多くの場合、ヘッダーやフッターには日付やページ番号、文書の作成者情報などを記載します。ヘッダーやフッターは一度設定すると、基本的にはすべてのページに自動で表示されます。

■ヘッダーあるいはフッターの挿入と削除

ヘッダーやフッターを挿入するには、[**挿入**] タブ→ [**ヘッダーとフッター**] グループ→ [**ヘッダー**] あるいは [**フッター**] をクリックします。適切なデザインを選択し、デザインで指定された内容を入力します。既成のデザインを使用しない場合は、[**ヘッダーの編集**] あるいは [**フッターの編集**] を選択します。

ヘッダーやフッターを削除する場合は、表示されたメニューから [**ヘッダーの削除**] あるいは [**フッターの削除**] をクリックします。

> **Advice**
> ◆**ヘッダーとフッターの挿入**
> （既成のデザインを使用しない場合）
> [**挿入**] タブ→ [**ヘッダーとフッター**] グループ→ [**ヘッダー**] → [**ヘッダーの編集**] あるいは [**フッター**] → [**フッターの編集**] をクリックし、「**ヘッダー/フッター ツール**」を表示します。そうすると既成のデザインを使用せず、ヘッダーやフッターを自由に編集することができます。

図3-40　ヘッダーとフッターの挿入と削除

3.4.4 箇条書き

　文書を入力する際に箇条書きにする場合があります。Wordには自動でインデントを設定して、箇条書きマーク（行頭文字）を振ってくれる便利な機能があります。次の例では■が箇条書きマーク（行頭文字）です。

■箇条書きの例

　箇条書きを入力したい箇所にカーソルを移動します。次に［**ホーム**］タブ→［**段落**］グループ→［**箇条書き**］の▼をクリックします。

図3-41　箇条書き

　行頭文字ライブラリから行頭文字を選択すると、文書内にその行頭文字が挿入されます。そのまま項目を入力し Enter を押すと改行され、新しく行頭文字が表示されて次の項目を入力できます。

図3-42　箇条書きマーク（行頭文字）の選択

Hint

　箇条書きを終わらせたいときは、新しい行頭文字が表示されたときに、Enter を押すかあるいは Backspace で行頭文字を削除すると、通常の入力モードに戻ることができます。

　箇条書きを追加したいときは、箇条書きを追加したい箇所の1つ前の文末にカーソルを移動し、Enter を押すと改行されて、同じ行頭文字が表示され新しい項目を入力することができます。

　行頭文字を変更したいときは、箇条書きの行にカーソルを移動し、［**ホーム**］タブ→［**段落**］グループ→［**箇条書き**］の▼をクリックします。表示された［**行頭文字ライブラリ**］から新しい行頭文字を選択すると、行頭文字が変更されます。

3.4.5 段落番号

文書を入力する際に段落に番号を振ることがあります。Wordには自動でインデントを設定して、段落番号を振ってくれる便利な機能があります。次の例では「1.」などが段落番号です。

■段落番号の例

```
Microsoft 社の製品
    1. Windows7
    2. Windows8.1
    3. Windows10
    4. Microsoft Office
    5. Microsoft Edge
    6. Internet Explorer
```

段落番号を挿入したい箇所にカーソルを移動します。[**ホーム**]タブ→[**段落**]グループ→[**段落番号**]の▼をクリックします。

図3-43 段落番号

番号ライブラリから段落番号の種類を選択します。内容を入力し[Enter]を押すと改行され、次の段落番号が表示されます。

図3-44 段落番号の選択

Hint

段落番号を終わらせたいときは、新しい段落番号が表示されたときに、[Enter]を押すかあるいは[Backspace]で段落番号を削除すると、通常の入力モードに戻ることができます。

段落番号を追加したいときは、段落番号を追加したい箇所の1つ前の文末にカーソルを置き、[Enter]を押すと、改行されて段落番号が再設定されますので、新しい段落の内容を入力することができます。

3.4.6 アウトライン

章と節の構造を持った段落番号（以降、リスト番号と言います）をアウトラインと言います。

■アウトラインの例

アウトラインを挿入したい箇所にカーソルを移動します。［**ホーム**］タブ→［**段落**］グループ→［**アウトライン**］をクリックします。

図3-45　アウトラインの例

リストライブラリからリストスタイルの種類を選択します。内容を入力し Enter を押すと改行され、次のリスト番号が表示されます。

図3-46　リストスタイルの選択

Hint

アウトラインのレベル（章・節）を変更したいときは、新しい章あるいは節番号が表示されたとき、Tab あるいは BackTab（Shift + Tab）を押します。

アウトラインを終わらせたいときは、新しいリスト番号が表示されたとき、Backspace を押します。

アウトラインにリスト番号を追加したいときは、リスト番号を追加したい箇所の1つ前の文末にカーソルを置き Enter を押すと、改行されて新しいリスト番号が表示されますので、追加したい内容を入力することができます。

3.5 表・図・写真の追加

文書に表や図、写真を追加すると理解しやすく、印象の強い文書にすることができます。Wordにはこれらを簡単に行う機能が備わっています。

3.5.1 表の作成

■表の作成

表を作成したい場所にカーソルを移動します。[**挿入**] タブ→ [**表**] グループ→ [**表**] をクリックします。

● 表を挿入する場合は、ここをクリックします

図3-47 表の作成

表の挿入メニューで、作成したい表の行数・列数を選択してクリックすると、文書中に新しく表が挿入され、項目を入力できます。

あるいは、[**表の挿入**] をクリックし、[**表の挿入**] ダイアログボックスで列数や行数を指定して [**OK**] をクリックして表を作成することもできます。

Advice

[**罫線を引く**] をクリックすると、鉛筆で線を引くような感覚で罫線を引くことにより、表を作成することができます（マウスポインタが鉛筆マークになります）。罫線を引く作業は Esc を押すと終了します。

図3-48 表の挿入

各セルの中には改行マーク（↵）が表示されています。ここにカーソルを移動させると、文字を入力することができます。

表のスタイルや罫線などの設定は、作成した表内にカーソルを移動させ、[**表ツール**]の[**デザイン**]タブや[**レイアウト**]タブで行います。罫線や塗りつぶし、文字の配置の設定や、行・列の追加、セルの分割と結合などを行うことができます。

Advice

表の各マスのことを「**セル**」と言います。

セルの横幅あるいはセルの高さを調整する場合には、変更したい縦の線あるいは横の線にマウスポインタを合わせドラッグします。

図3-49　表のスタイルや罫線の設定

[**表ツール**]の[**デザイン**]タブ→[**飾り枠**]グループの[**ダイアログボックス起動ツール**]をクリックして表示される[**線種とページ罫線と網かけの設定**]ダイアログボックスを使用すると、詳細な設定を行うことができます。

図3-50　罫線・ページ罫線・網かけの設定

3.5 表・図・写真の追加

3.5.2 図・写真の挿入

Wordはメモ帳と異なり、文書中に図や写真などを挿入することもできます。ここでは、画像ファイルについて学ぶとともに、Wordで作成した文書の中に図や写真を取り込む方法を学びます。また、Wordには図形を描画する機能もあるので、これを利用して図3-51のような地図を作成することもできます。

図3-51　Wordで作成した地図の例

■図・写真と画像ファイル形式

ここでは、画像ファイルの主要な形式である、BMP、JPEG(JPG)、GIF、PNGについて学びます。

BMP形式は、ビットマップあるいはビーエムピーとも呼ばれ、Windowsが標準でサポートしている画像形式です。画質がよいので高画質で保存しておきたいときに有効であるという利点がありますが、ファイルサイズが大きくなるので、インターネットでの利用は勧められません。ファイルの拡張子は「**bmp**」になります。

JPEG(JPG)形式は、ジェイペグと呼ばれ、画像を圧縮して保存しています。約1670万色まで扱うことができます。デジタルカメラなどでよく使用されている形式で、主に写真データに使用されます。しかしながら、文字やイラストなどを保存するのには向きません。ファイルの拡張子は「**jpg**」になります。

GIF形式は、ジフと呼ばれ、この形式も画像を圧縮して保存していますが、JPEG形式とは異なり、データを整理することで画像の圧縮を行います。文字やイラストを扱うのに向いており、また、簡単なアニメーションなどを扱うのにも向いています。ファイルの拡張子は「**gif**」になります。

PNG形式は、ピングと呼ばれ、GIFに代わる画像形式として開発さ

Attention

画像ファイルをメールに添付して送信する際には、ファイルサイズが大きいため送受信の際にネットワークに負荷をかけたり、相手に迷惑をかけたりする場合があるので注意しましょう。

Advice

JPEG形式で圧縮保存した画像は、圧縮する際に元のデータを捨てることで圧縮を行います（不可逆圧縮形式）ので、元に戻すことはできません。したがって、圧縮率を上げて保存する際には、元画像を残しておくとよいでしょう。

Advice

GIF形式は256色までの色しか扱うことができないので、写真やスケッチなどのファイルの保存には向きません。

れました。PNGは理論上最大で約280兆色まで扱うことができます。また、圧縮によってデータが捨てられない（可逆圧縮形式）といった特徴があります。ファイルの拡張子は「png」です。

■図・写真（画像ファイル）の挿入

パソコンの中に保存されている画像ファイルを挿入するには、図や写真を挿入したい位置にカーソルを移動して、[挿入] タブ→ [図] グループ→ [画像] をクリックします。

●図を挿入する場合、ここをクリックします

図3-52　図・写真の挿入

[図の挿入] ダイアログボックスで、挿入したい図や写真を選択し、[挿入] をクリックします。カーソルの位置に図や写真が表示されます。

図を選択します●

図を選択したら、[挿入]をクリックします●

図3-53　パソコンに保存されている図・写真の挿入例

■図・写真のサイズ変更・移動・回転

図・写真は、クリックして四隅とその中点に表示されたサイズ変更ハンドルをドラッグすることで、拡大・縮小することが可能です。また、この状態で矢印キー（→、←、↓、↑）を押したり、図・写真をドラッグすることで移動することができます。さらに、上辺の中点にある回転ハンドルを回転方向にドラッグすると、図を回転させることができます。

図3-54 図・写真の操作

　図・写真と文字のレイアウトを設定する場合は、図・写真を選択し、[**図ツール**]の[**書式**]タブ→[**配置**]グループ→[**文字列の折り返し**]を選択し、[**その他のレイアウトオプション**]を選択します。ここでは図・写真と文字のレイアウトを調整することができます。また、図・写真をクリックしたとき表示されるレイアウトオプションボタンでも調整できます。

図3-55 図・写真のレイアウト設定

3.5.3 オンライン画像の挿入

　インターネットを介して、文書やWebページのアクセントになるような、比較的サイズの小さなイラストを検索して利用することができます。

　まず、イラストを挿入したい位置にカーソルを移動し、[**挿入**]タブ→[**図**]グループ→[**オンライン画像**]をクリックすると、[**画像の挿入**]ウィンドウが開きます。ここで検索したいイラストのキーワードを入力し、検索結果から適切なイラストを選び、[**画像の挿入**]をクリックすると、選択したイラストがWord文書に挿入されます。

Advice

　オンライン画像を利用する場合は、著作者の承認が必要です。使用条件が指定されていたら、必ずそれを守るようにしましょう。

図3-56　オンライン画像の挿入

オンライン画像の位置やサイズの変更方法は図や写真とまったく同じです。

図3-57　オンライン画像の挿入例

3.5.4　ワードアートの挿入

ワードアートは、図形化された文字のことです。

ワードアートを挿入するには、[**挿入**]タブ→[**テキスト**]グループ→[**ワードアートの挿入**]をクリックします。表示されたスタイルから、挿入したいスタイルをクリックします。

図3-58　ワードアートの挿入

ワードアートにする文字列を入力します。ワードアートのスタイルを変更したい場合は、[**描画ツール**]の[**書式**]タブ→[**ワードアートのスタイル**]グループの[**ダイアログボックス起動ツール**]をクリッ

Advice

ワードアートを修正する場合は、修正したいワードアートをクリックします。[描画ツール]の[書式]タブから必要な変更を行います。

3.5　表・図・写真の追加

クします。表示された［**図形の書式設定**］作業ウィンドウで［**文字の
オプション**］を選ぶと、3-D書式や影などのスタイルを変更できます。

ワードアートにしたい → ここに文字を入力
文字列を入力します

図3-59　表示する文字列の入力

3.5.5　オートシェイプによる図形描画

　オートシェイプとは、楕円、四角形、ブロック矢印、吹き出しなど
の様々な基本図形を、簡単に作図できる機能です。Wordのオートシェ
イプ描画機能を使用して、図を描いてみます。

　新しい描画キャンバスを表示します。［**挿入**］タブ→［**図**］グループ
→［**図形**］をクリックします。表示されたメニューから［**新しい描画
キャンバス**］を選択します。描画キャンバスが表示されるので、この
キャンバス上に作図をしていきます。

Hint

　描画キャンバスは各図を
レイアウトする台紙のよう
なものです。同じ描画キャ
ンバス上の図形は、まとめ
て操作することができま
す。また、描画キャンバス
にも色などの設定ができる
ので、背景色として活用で
き便利です。

●図形を挿入する場合、ここをクリックします

図3-60　描画キャンバスの表示

　描画キャンバスが表示されると同時に、［**描画ツール**］が表示されま
す。［**書式**］タブ→［**図形の挿入**］グループから基本図形を選択し、作
図します。

　Wordでは、あらかじめ図3-61のような図形が、準備されています。
これらの中から図形をクリックし、描画キャンバス上でドラッグする
ことで、簡単に図形を描くことができます。

Advice

　図形を1つしか描かないよ
うな場合など、描画キャンバ
スを使いたくない場合には、
使わなくても構いません。
描画キャンバスが表示された
際に、[Delete]、[Backspace]、
[Esc]のどれかを押すと、
描画キャンバスを消すこと
ができます。

図3-61　図形の選択

Advice
Shiftを押しながらドラッグすると正方形が描けます。

Advice
図形にはサイズ変更ハンドルと回転ハンドルが表示されます。

[描画ツール]の[書式]タブ→[図形のスタイル]グループ→[図形の塗りつぶし]をクリックし、表示された色から適切な色を選択して、描画した図形の内部を塗りつぶすこともできます。

図形の色やサイズなどを細かく設定したい場合には、図形上で**右クリック**→[図形の書式設定]を選択し、作業ウィンドウを表示させます。

図3-62　図形の書式設定

[塗りつぶし]をクリックすると、塗りつぶしの色を設定できます。

[線]から、線の色や種類などを設定できます。

図形上で**右クリック**→[その他のレイアウトオプション]を選択する

3.5 表・図・写真の追加

と、[**レイアウト**] ダイアログボックスが表示されます。[**サイズ**] タブをクリックすると、図形の高さ・幅、回転角度、倍率などが設定できます。

図3-63　図形のサイズ設定

Advice

塗りつぶさない場合には、[**塗りつぶしなし**] を選択します。すると、図形の周囲の輪郭線だけが表示されます。

輪郭線を消す場合には、[**線なし**] にします。線を点線にする場合には、[**実線/点線**] で適切な点線を選択します。また、太さを変更する場合には、[**幅**] で、適切な太さを選択します。

練習問題 3-6

以下の図3-64を参考に図を作成しなさい。なお、図の細かな設定は次のとおりとします。

・四角形は幅25mm、高さ30mm、回転角度25°とし、赤で塗りつぶしなさい。
・二等辺三角形は幅と高さを45mmとし、黄色で塗りつぶしなさい。
・円は幅と高さを35mmとし、輪郭線の太さを1.5ptとし、青で塗りつぶしなさい。

Advice

[Shift] を押しながらドラッグすると、楕円ではなく円を描くことができます。

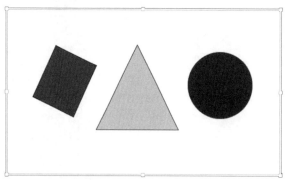

図3-64　「練習問題3-6」の完成見本

■図形の順序設定

図形（オブジェクト）を移動させる場合は、オブジェクトをドラッグします。練習問題3-6で作成したオブジェクトを使用し、円が三角形に重なるように、ドラッグしてみましょう。このとき、円の方が三

Advice

オブジェクトを文書内で移動させる場合、描画キャンバスをドラッグして、描画キャンバスごと移動することができます。

角形の上に重なっています。これは、新しく描いた図形の方が、前に描いた図形より手前に表示されるためです。

図3-65　図形の重なり

ここで、図形の重なりを変更したい場合は、オブジェクトの順序の設定を行います。例えば、円を三角形の後ろに表示したい（三角形を円の上に表示したい）場合には、円を**右クリック**→［**最背面へ移動**］→［**最背面へ移動**］あるいは［**背面へ移動**］を選択します。

図3-66　図形の重なりの調整

オブジェクトを複数選択するには、以下のように大きく2つの方法があります。①の方法はすべてのオブジェクト、あるいはたくさんのオブジェクトを選択する場合に便利です。②の方法は、範囲内のいくつかのオブジェクトのみを選択する場合に便利です。

① オブジェクトを一気に選択するためには、［**ホーム**］タブ→［**編集**］グループ→［**選択**］→［**オブジェクトの選択**］をクリックして、選択したいオブジェクト全体を囲むようにドラッグします。

Advice

オブジェクトを全体的に左方向に移動させたい、あるいは複数の図形の線をすべて太くしたいといった場合には、後述の方法で複数のオブジェクトを選択してから作業を行うと便利です。

Hint

［最背面へ移動］を選択した場合、そのオブジェクトはすべてのオブジェクトの後ろに表示されることになります。

一方、［背面へ移動］を選択した場合は、そのオブジェクトは現在よりも一段階だけ背面に表示されることになります。［背面へ移動］を何回か繰り返すことで、適切な重なりに設定しましょう。

［最前面へ移動］［前面へ移動］も考え方は同じです。

Advice

オブジェクトの位置を調節したい場合には、矢印キー（→、←、↓、↑）で移動させると、ドラッグする場合より細かい調節ができます。グリッド線が表示されている場合には、Ctrlを押しながら操作します。

マウスポインタが白い矢印に変わりますので、オブジェクト全体を囲むようにドラッグすると、ドラッグした範囲にあるオブジェクトがすべて選択されます

図3-67　オブジェクトを一気に選択する

② 選択したいオブジェクトを、[Shift]あるいは[Ctrl]を押しながら順にクリックしていくことで、複数のオブジェクトを選択することができます。

Advice

間違って選択してしまったオブジェクトは、[Shift]あるいは[Ctrl]を押しながら再度クリックすることで、選択を解除することができます。

■オブジェクトのグループ化

複数のオブジェクトをひとまとまりとして扱いたい場合には、オブジェクトのグループ化を行います。ひとまとまりとして扱いたいオブジェクトをすべて選択し、その図形上で**右クリック**→［**グループ化**］→［**グループ化**］で、これらのオブジェクトを1つのオブジェクトのように扱うことができます。

グループ化を解除したい場合には、そのオブジェクト上で**右クリック**→［**グループ化**］→［**グループ解除**］を選択します。

Advice

グループ化を行うと、選択したオブジェクトのすべての塗りつぶしの色や線の種類（太さなど）をまとめて変更することも可能になるので、大変便利です。

グループ化したい図形を選択し、右クリックして、メニューから［グループ化］を選択します

さらに［グループ化］を選択します
解除したいときは［グループ解除］を、一度解除した後、同じオブジェクトを再びグループ化したいときは再度、［グループ化］を選択します

図3-68　図形のグループ化

■線を引く

線を引く場合は、［**挿入**］タブ→［**図**］グループ→［**図形**］から選択します。描画キャンバス上でドラッグすると、直線が描けます。

図3-69 線を引く

　線の太さや種類を変更する場合には、線を選択してから**右クリック**→[**図形の書式設定**]をクリックします。表示された[**図形の書式設定**]作業ウィンドウで線の色や線の種類、幅を変更できます。

図3-70 線の設定

■吹き出しを使用する

　吹き出しを使用すると、図にコメントなどを付けることができます。リボンの[**挿入**]タブ→[**図**]グループ→[**図形**]をクリックし、適切な[**吹き出し**]を選択し、ドラッグするとその範囲に吹き出しが描かれます。吹き出しの中には文字列を入力できます。

図3-71 吹き出しを使う

3.5 表・図・写真の追加

103

■テキストボックスを使用する

　テキストボックスを使用すると、図にコメントなどを付けることができます。[**挿入**]タブ→[**テキスト**]グループ→[**テキストボックス**]をクリックします。

図3-72　テキストボックスを使う

　[**組み込み**]メニューの中から適切なデザインを選択します。あるいは、既成のデザインを使用しない場合は[**横書きテキストボックスの描画**]か[**縦書きテキストボックスの描画**]を選択します。次にドラッグしてテキストボックスを挿入し、文字列を入力します。

図3-73　テキストボックスの選択

図3-74　横書きテキストボックスと縦書きテキストボックス

■その他の機能

　オブジェクトには、影効果や3-D効果が付けられます。オブジェクトを選択して、[**描画ツール**]([**図ツール**])の[**書式**]タブ→[**図形のスタイル**]グループ([**図のスタイル**]グループ)の[**ダイアログボックス起動ツール**]をクリックします。表示された[**図形の書式設定**]

Advice

　テキストボックスで枠線を表示しないためには、テキストボックスを**右クリック**→[**図形の書式設定**]作業ウィンドウで[**線**]を[**線なし**]にします。
　さらに、[**塗りつぶし**]で[**塗りつぶしなし**]を選択すると、透明なテキストボックスにすることができます。

作業ウィンドウで、3-D効果や影などを設定できます。

●ここをクリックし、[図形の書式設定]作業ウィンドウを表示させます

図3-75　[図形の書式設定]作業ウィンドウの表示

練習問題 3-7

次のような人の顔を描きなさい。

練習問題 3-8

練習問題3-7で作成した図をクマの顔に変えなさい。

練習問題 3-9

次の地図を描きなさい。

Hint

線路は、白い四角（輪郭線を含みます）を描き、その上に太い破線を重ねると描くことができます。

3.5 表・図・写真の追加

第4章 Microsoft Excel

- 4.1 Excel の基本操作
  ■起動、画面構成、データの入力、保存と印刷

- 4.2 計算と関数
  ■数式の書き方、基本的な関数の紹介と入力方法

- 4.3 見やすい表の作成
  ■セルの書式設定、ワークシート操作

- 4.4 グラフの利用
  ■グラフの種類と作成方法

- 4.5 少し高度な関数
  ■RANK.EQ、COUNTIF、SUMIF 関数、丸め処理、IF 関数の入れ子、AND、OR、VLOOKUP、INDEX、MATCH 関数

- 4.6 データベース
  ■テーブル、データの並べ替え、抽出

- 4.7 ピボットテーブル
  ■アンケート調査、売上表などの分析ツールとしての利用

- 4.8 知っていると便利な機能・関数
  ■Word・PowerPoint との連携、日付関数、ヘルプの利用

4.1 Excelの基本操作

　この章では、表計算ソフトMicrosoft Excel 2016（以下、Excel）を使い、基本的な表計算ソフトの操作方法と表やグラフの作成方法について学びます。Excelは多くのデータ処理を必要とする情報社会では欠かすことのできない重要なツールの1つです。この章を通して、データの入力方法から簡単なデータ分析まで順番に学習していきましょう。

4.1.1　Excelでできること

　Excelは、次のようなことができます。（1）表を使ったデータの整理、（2）数式や関数を使った計算、（3）データからグラフの作成、（4）データベース機能を使った大量のデータ管理、（5）複数のデータから新しい情報を作り出すためのデータ分析・加工、などです。

　学校や企業では、様々なデータを収集し必要な情報に加工することが日常的に行われています。Excelを学習すると、収集したデータをきれいに整理することや、データを使った計算やグラフなどへの加工も簡単に処理できるようになります。また、データに誤りがあった場合も、そのデータのみを修正すれば自動的に関連する部分を再計算し、修正してくれます。

4.1.2　Excelの起動方法／画面構成／終了方法

■起動方法

　Excelは、[**スタート**]ボタン⊞で表示したスタートメニューから[**Excel 2016**]をクリックして起動します（図4-1）。

　新規にExcelを起動すると図4-2のような画面が表示されます。この画面では、「**テンプレート**」と呼ばれる様々な形式の表のひな形が表示されます。作成したい表やグラフに合わせて、[**空白のブック**]や[**経費明細書**]などのテンプレートから選択します。

図4-1　Windows 10におけるExcelの起動方法

図4-2　テンプレートの選択画面

■画面構成

　図4-2で［**空白のブック**］を選択すると、図4-3のような画面が表示されます。各部分の名称と機能は表4-1のとおりです。なお、図4-2において Esc を押しても［**空白のブック**］が開きます。

図4-3 Excel 2016の画面構成

表4-1 Excel 2016の画面を構成する要素

名　称	機　能
［ファイル］タブ	ファイルを開く、保存する、印刷するといった基本的なコマンドを使うときに使用するBackstageビューを表示します（情報、新規、開く、上書き保存、名前を付けて保存、印刷、共有、エクスポート、閉じる、アカウント、オプション）
クイックアクセスツールバー	上書き保存する、元に戻すなどの利用頻度の高いコマンドが登録されています
タブ	ホーム、挿入などのリボンに切り替えます
操作アシスト	このボックスにキーワードを入力すると、それに関連する機能を直接呼び出したり、関係するヘルプを表示できます
リボン	コマンドボタンがグループごとにまとめられて配置されています。ダイアログボックス起動ツールでさらに詳しい設定が可能です
名前ボックス	アクティブセルのセル番地などの名前が表示されます
数式バー	アクティブセルに入力された内容が表示されます
行番号	行番号の表示部分で、数字で番号が付きます
列番号	列番号の表示部分で、アルファベットで番号が付きます
シート見出し	ワークシートの見出しで、別のワークシートへ切り替えられます
表示ボタン	ワークシートの表示方法を、標準、ページレイアウト、改ページプレビューに切り替えられます
ズームスライダー	ワークシートの表示倍率を変更できます
ズーム	クリックすると［ズーム］ダイアログボックスが表示され、表示倍率を変更できます
コンテキストツール	オブジェクト選択時などの状況によって、編集に必要なコマンドボタンがリボンに表示されます

※コンテキストツールはオブジェクトなどを選択したときのみ表示されます。図4-3では表示されていません。

　Excelでは、数値や文字などのデータを入力して表を作成することから作業を開始します。データが入るマスを「**セル**」と呼びます。現在選択されているセルを「**アクティブセル**」と呼び、太い罫線で囲まれて表示されます。

　セルは、縦方向と横方向に並びます。セルの左から右への横方向の

同じ位置の並びを「**行**」と呼びます。上から順番に1，2，3，…という「**行番号**」が付きます。同様に、セルの上から下への縦方向の同じ位置の並びを「**列**」と呼びます。左から順番にA, B, C, …と「**列番号**」が付きます。セルには「**セル番地**」というセルの位置を表す名前が付きます。このセル番地は、セルのある列番号と行番号を使って表します。例えば、B列5行目のセルのセル番地は、B5となります。アクティブセルのセル番地は、「**名前ボックス**」に表示されます。

セルが並んだ1枚の表全体を「**ワークシート**」（またはシート）と言います。新規にExcel 2016を開くとワークシートは「Sheet1」という名前のシート1枚ですが、複数枚に増やすことができます。Excelでは、これら複数のワークシートを1つのファイルとして保存することができます。このファイルを「**ブック**」と言います。Excel 2016では、1つのブックが1つのウィンドウで表示されます。

■ブックの保存

ブックをファイルに保存するには、 ファイル （[ファイル] タブ）をクリックし、**Backstageビュー**（図4-4の左の画面）を表示します。次に、左のメニューから [**名前を付けて保存**] → [**このPC**] をダブルクリックし、[**名前を付けて保存**] ダイアログボックスで保存先とファイル名を指定して [**保存**] ボタンをクリックします。このとき、ファイルの種類は通常「Excelブック」になります。Excelブックで保存した場合、ファイルの拡張子は「xlsx」になります。

Advice

[Excelブック] の拡張子は「xlsx」に、[Excel 97-2003ブック] の拡張子は「xls」になります。

図4-4 ブックを [名前を付けて保存]

また、ブックの内容を更新して保存したい場合は、 ファイル （[ファイル] タブ）→ [**上書き保存**] を選択します。このとき、古いファイルの内容が新しい内容に上書きされるので注意してください。

■ブックを開く

　保存したブックを開いて作業を再開したい場合は、 ファイル （[ファイル]タブ)]→［**開く**］→［**このPC**］をダブルクリックして、[**ファイルを開く**]ダイアログボックスから以前に保存したファイルを選択し［**開く**]ボタンをクリックします（図4-5）。

　もしくは、エクスプローラーなどから保存したExcelブックファイルを開くと、Excelが起動して保存されたファイルを開きます。

①●[開く]を選択します　　②●[このPC]をダブルクリックします　　③●ファイルの置いてあるフォルダーを選択します　　④●ファイルを選択します　　⑤●[開く]をクリックします

図4-5　ブックを［開く］

■ブックの新規作成

　Excelでブックを開いているときに、新たにブックを作成したい場合は、 ファイル （[ファイル]タブ）→［**新規**］から使いたいテンプレートを選択すると、新しいブックが別のウィンドウで開きます。

■ブックを閉じる

　開いているブックを閉じたい場合は、 ファイル （[ファイル]タブ）→［**閉じる**］を選択します。ブックを保存せずに閉じてしまうとデータが消えてしまうので注意してください（図4-6）。

図4-6 ブックを[閉じる]

■終了方法

　Excelを終了するには、ウィンドウの右上端の閉じるボタン（ × ）をクリックします。

4.1.3　データの入力・変更・修正・消去

■データの入力

　Excelでは、まず、数値や文字列などのデータをセルに入力します。入力の際は、データを入力したい位置のセルを選択し、キーボードから入力したい数値や文字列を入力します。このとき、データ入力が確定するまでの入力途中の状態ではセルにカーソルが出ている状態になるので、最後に Enter で値を確定します（図4-7(a)①）。別の入力方法として、データを入力したい位置のセルを選択し、「**数式バー**」にデータを入力することで、そのセルにデータを入力することもできます（図4-7(a)②）。

　データを入力したいセルを選択するには、そのセルをクリックします。もしくは、現在のアクティブセルをキーボードの矢印キー（ ↑ ↓ ← → ）を使って移動することで、データを入力したいセルをアクティブセルに変更することができます。

　データ入力を確定する際に、 Enter で確定すると現在のセルの下の行のセルがアクティブセルになりますが、 Tab で確定した場合は右のセルに、矢印キーで確定した場合は矢印の方向のセルがアクティブセルになります。また、アクティブセルを移動したくない場合は、 Ctrl ＋ Enter で確定します（図4-7(b)）。

図4-7 データの入力方法：(a)セルへのデータ入力、(b)入力確定時のアクティブセルの移動

■入力値の変更・修正

変更したいデータがある場合は、該当するセルをアクティブセルにし、新しいデータを入力します。このとき、入力を確定すると以前のデータが消えてしまうので注意してください。入力確定前に[Esc]を押せば、操作を取り消すことができます。

また、入力データの一部を修正する場合は、該当するセルをダブルクリックして、カーソルが出ている状態にします。このとき、カーソルを矢印キーで移動し、[Backspace]や[Delete]などを利用して一部を消去したり、新しい数値や文字列を入力したりすることで修正ができます。また、修正したいセルをアクティブセルにして、数式バーでデータを修正することも可能です。

> **Advice**
> [F2]を押すことで、アクティブセルにカーソルが出ている状態にすることができます。

■入力値の消去

セルに入力されたデータを消去したい場合は、該当するセルをアクティブセルにして[Delete]か[Backspace]を入力します。[Delete]を押した場合はデータが消去されます。また、[Backspace]を押した場合は、データが消えカーソルがセルに出ている状態になります。

4.1.4 セルの選択

データの入力では、該当するセルを選択してアクティブセルにしてからデータを入力しました。このように、Excelで行う様々な操作は、

最初にセルを選択することから開始します。

　セルを選択するには、用途に合わせて次のような方法があります（図4-8）。

(1) 単一セルを選択するには、選択したいセルをクリックします（図4-8(a)）。
(2) 連続した複数のセルを選択する場合は、選択する長方形の範囲の1つの隅のセルから対角線上の反対隅のセルに向かってドラッグします（図4-8(b)）。
(3) 1列全体を選択する場合は、その列番号をクリックします（図4-8(c)）。このとき、列番号を選択する際は列番号上にマウスポインタを移動し、マウスポインタの形状が↓になっていることを確認してください。複数の連続する列全体を選択する場合は、選択したい列番号をドラッグします。
(4) 1行全体を選択する場合は、その行番号をクリックします（図4-8(d)）。このとき、行番号を選択する際は行番号上にマウスポインタを移動し、マウスポインタの形状が→になっていることを確認してください。複数の連続する行全体を選択する場合は、選択したい行番号をドラッグします。
(5) 隣り合わない複数のセルを選択する場合は、1か所を上の方法で選択したのち、追加したい場所を Ctrl を押しながら上の方法でさらに選択していきます（図4-8(e) (f)）。

> **Advice**
> 選択する長方形の範囲の1つの隅のセルをクリックし、対角線上の反対隅のセルを Shift を押しながらクリックしても連続した複数のセルを選択できます。

図4-8　セルの選択方法

4.1.5 データのコピーと移動

すでにセルに入力してあるデータは別の場所のセルに複写することができます。まず、複写したいデータのあるセルを選択します。次に、[**ホーム**]タブ→[**クリップボード**]グループ→ ([**コピー**])を選択します。このとき、選択された範囲が点線の枠で囲まれます。この部分が複写元になる範囲です。最後に、複写したい場所をクリックしてアクティブセルにし、[**ホーム**]タブ→[**クリップボード**]グループ→ ([**貼り付け**])をクリックしてデータを貼り付けます。

1回貼り付けても複写元は点線の枠で囲まれた状態を維持しています。もし、続けて同じデータを別の場所にも貼り付けたい場合は、貼り付けたい場所に再度移動して ([**貼り付け**])をクリックします。

複数のセルを複写するときは、複写したい複数のセルを選択し、[**ホーム**]タブ→[**クリップボード**]グループ→ ([**コピー**])を選択します。次に、複写したい場所をクリックしてアクティブセルにし、[**ホーム**]タブ→[**クリップボード**]グループ→ ([**貼り付け**])をクリックします。アクティブセルを複写元の左上隅の位置として複数のセルが貼り付けられます（図4-9中央）。

すでにセルに入力してあるデータを別の場所のセルに移動する場合は、切り取りと貼り付けの操作で行うことができます。まず、移動したいデータを選択します。次に、[**ホーム**]タブ→[**クリップボード**]グループ→ ([**切り取り**])を選択します。最後に、移動したい場所をクリックしてアクティブセルにし、[**ホーム**]タブ→[**クリップボード**]グループ→ ([**貼り付け**])をクリックすると、データがその場所に貼り付けられ、切り取りに指定したセルのデータが消えます（図4-9下）。

図4-9 セルの切り取り・コピー・貼り付け

Advice

選択範囲を表す点線の枠は、別の場所をダブルクリックするなどのコピー以外の操作で解除される場合があります。その場合は、再度複写の手順をはじめから行ってください。

Attention

隣り合わない複数のセルを選択したときはその範囲の形状によって、エラーメッセージが出て複写元に指定できない場合があります。このときは、複写元の範囲をできるだけ連続して隣り合う範囲に修正します。

Advice

貼り付け操作には、形式を選択して貼り付ける方法があります。この部分は、4.8で解説します。

Advice

リボンのボタンを使用せずに、マウスやキーボードショートカットを使って、操作を確定することができます。

マウスで操作する場合は、右ボタンで表示されるメニューから、切り取り・コピー・貼り付けが選べます。貼り付けは、貼り付けオプションから を選択します。

キーボードショートカットの場合は
・切り取りが Ctrl + X
・コピーが Ctrl + C
・貼り付けが Ctrl + V
になります。

4.1.6 オートフィル

　Excelでは、大量のデータを入力するために、オートフィルという機能があります。オートフィルを使用すると、多くのセルに一度に複写したり、連続する番号や文字列を入力したりする操作が簡単に行えます。

　オートフィルを使用するには、まずデータを入力し、次にそのセルを選択してアクティブセルにします。このとき、1つのセルを選択しても複数の隣り合うセルを選択しても構いません。選択されたセルは長方形の太枠で表示され、その太枠の右下に■（フィルハンドル）が表示されます。最後に、このフィルハンドルにマウスポインタを合わせると ✥ から ✚ になるので、その状態でオートフィルを適用したい方向に適用したい数のセルだけドラッグします。

　ここで、オートフィルの使用例を示します。例として、図4-10(a)のようなデータを考えます。列ごとに入力されているデータにオートフィルを適用して、11行目までのセルを埋めます。セルA2には整数値1が入力されています。セルA2を選択して下方向にセルA11までドラッグしてオートフィルを適用すると、下の9個のセルに整数値1が複写されます。このように、選択した単一セルの値が整数値の場合は、その値が連続して複写されます。オートフィル適用後に、セルA11の右下に「**オートフィルオプション**」 が表示されます。ここでは、オートフィルの適用形式を選ぶことができます。例えば、[**連続データ**]を選択すると1から10までの連続した整数値の複写になります（図4-10(b)）。

　他の列についても、同様に11行目までオートフィルでセルを埋めます。B列からD列は1、2行目の2個のセルを選択してからフィルハンドルをドラッグしてオートフィルを適用します。このときB列からD列は、数値が等間隔に離れた連続データの入力になります。文字列は基本的にセルの複写になりますが、G列のように文字列内に数値がある場合はその部分が連続データになります。また、E、H、I列のような日付・曜日・月などは連続データになります。図4-10(c)は図4-10(a)のデータにオートフィルを適用した結果です。このようにオートフィルは、簡単な操作で複写や連続データの入力ができる便利な機能です。

Advice

　複写の際に、複写したい場所で （[**貼り付け**]）をクリックするのではなく、Enterを押しても貼り付けることができます。このとき、選択された範囲の点線枠が解除されるため、連続した貼り付け操作はできません。また、移動の際もEnterで貼り付け操作を確定することができます。

4.1 Excelの基本操作

図4-10　オートフィル

4.1.7　印刷

Excelに入力したデータを印刷する方法について説明します。Excelでの印刷は、まず ファイル （[ファイル] タブ）→ [印刷] をクリックします。印刷するプリンタや用紙の方向、用紙のサイズなどを選択すると、右に印刷結果を表す印刷プレビューが表示されます。印刷プレビューで印刷結果を確認したのち、 ボタンをクリックするとワークシートが印刷されます（図4-11）。

Excelでは、印刷用紙を考慮に入れない大きなワークシートにデー

Attention

ブックの表示が [標準] のときはセル内に収まっている文字列が、紙への印刷結果では文字が大きく印刷されるためセルの枠を超えた部分の文字が印刷されない場合があります。そのため、印刷プレビューなどで確認してから印刷するように心がけましょう。

タを入力していくため、入力した表が大きくなると印刷用紙に収まらなくなります。印刷プレビューを確認して、意図しない場所でページが切り替わったりしないか、白紙ページなどがありページ数が必要以上に増えていないかなどを確認して印刷しましょう。

通常はブックの表示が［**標準**］の状態で作業していますが、［**表示**］タブ→［**ブックの表示**］グループから［**ページレイアウト**］や［**改ページプレビュー**］に表示を切り替えることで、ページの区切りを確認することができます（図4-12）。

> **Attention**
> より詳細な印刷方法は、4.8で説明します。

> **Attention**
> ウィンドウ下のアイコンからもブックの表示を切り替えることができます。

図4-11　［印刷］

(a)［標準］

(b)［ページレイアウト］

(c)［改ページプレビュー］

図4-12　ブックの［表示］

4.2 計算と関数

ここでは、Excelを使った数式や関数の書き方について説明します。

4.2.1 数式の入力

■数式の書き方と入力

Excelは、セルに数式が入力されるとその数式を自動的に計算します。Excelでは、数式は「＝」で始まります。次に計算式を書きます。計算式は、表4-2の算術演算子や括弧「()」を使って書きます。例えば、セルA1で「100÷5+20×(1+4)」という数式を計算したい場合は、セルA1に「＝100/5+20＊(1+4)」と入力し、Enterで確定します。Excelは式が確定すると自動的に計算を行い、セルA1に結果の120を表示します。また、セルA2で「2^{10}」を計算させたい場合は、セルA2に「＝2^10」と入力します。このように、数式は必ず「＝」記号から開始するので書き忘れないように注意してください（図4-13）。なお、数式は、数式バーからセルに入力することもできます。

計算式を書く場合は、計算の順序に気を付ける必要があります。式は左から右へ評価されますが、通常の計算と同様に括弧内の式が優先されます。また、加算・減算よりも乗算・除算の計算を優先して計算します。基本的な演算子の優先順位は表4-3のようになります。乗算と除算、加算と減算はそれぞれ同順位です。優先順位が高い方が先に計算されます。

Advice

数式は、マイナス（－）から入力することができます。マイナスから開始すると自動的に数式のはじめに「＝」が挿入されます。

表4-2 算術演算子

演算子	説明	演算子	説明	演算子	説明
^	べき乗（累乗）	＊	乗算（掛け算）	/	除算（割り算）
%	パーセンテージ	＋	加算（足し算）	－	減算（引き算）

表4-3 計算に関わる演算子の優先順位

優先順位が高い ←			→ 優先順位が低い
%	^	＊ /	＋ －

図4-13 式の入力

■計算式とセルの表示

　数式が入力されたセルには計算結果が表示されます。そのため、一見するとセルにはデータが入力されているのか数式が入力されているのかわかりません。セルの内容を確認するには、そのセルをクリックしてアクティブセルにします。このとき、セルの中身は数式バーに表示されます。数式が入力されている場合は、数式バーに数式が表示されるので確認できます。

　数式は修正することが可能です。もし間違いに気付いた場合は、数式バーで修正するか、セルをダブルクリックして数式を表示させカーソルを移動して修正することができます。

■セル番地を使った数式の書き方

　すでにセルに数値データが入っている場合は、そのデータを使って数式を書くことができます。例えば、セルA2に50、B2に20と数値データを入力します（図4-14）。次に、セル番地A2とB2を使ってセルC2に「=A2+B2」と数式を入力すると、セルA2とB2の数値である50と20を使用して計算が行われ、結果としてセルC2に「70」と表示されます。このように、数式にセル番地を利用してそのセルに入力されているデータを参照することを「**セル参照**」と言います。

　セル参照を使って書いた数式の入っているセルをダブルクリックすると、数式が表示されると同時に、数式内のセル番地の色と同じ色で参照先のセルが色付けられます。例えば、上の例ではセルC2をダブルクリックすると、セルA2とB2が色付けされます。このような参照先のセルの枠や背景を色付けるシステムを「**カラーリファレンス**」と言います。数式内のセル参照を確認する場合は、このカラーリファレンスを表示させて確認する方法が有効です。

　数式を入力するときに別のセルをクリックすると、そのセルのセル番地が入力されます。例えば、図4-14のセルC2の式を入力するときに、「=」記号の次にセルA2をクリックし、続いて「+」記号を入力して、最後にセルB2をクリックして Enter で確定すると式の入力が完了しま

Advice

　数式の編集をキャンセルしたい場合は、Esc を押します。

す。このように、クリックでセル番地を入力する方法は操作が簡単です。

なお、参照されているセルの値を変更すると自動的に数式の結果も変更されます。例えば、図4-14のセルA2の値を50から100にすると、数式の書いてあるセルC2は再計算されて120に変更されます。

図4-14 セル参照を使った式の入力

4.2.2　関数の入力

Excelには、合計・平均などの計算や条件判断・データ探索などの複雑な処理を自動で行うための関数という機能があります。関数は、数式の一部として使用でき、それぞれの関数の書き方を習得すれば、入力されているデータを簡単に加工して、新しい情報を作り出すことができます。

ここでは、関数の書き方から関数の入力方法まで順番に説明します。

■関数の書き方

関数の書式は次のようになります。

　関数名（引数1, 引数2, 引数3, …）

計算したい処理に応じて関数の名前（「**関数名**」）が決まっています。関数を使って計算するために使用するデータのことを「**引数**（ひきすう）」と言います。引数は関数名の後の括弧内に関数が指定する順番に半角カンマ（,）で区切って記述します。関数によって必要とする引数の個数や並べる順番が違います。

引数には、数値や文字列のような値そのもの以外に、セル番地やセル範囲といったセル参照を使った指定ができます。セル範囲とは、複数の隣り合うセルをまとめて参照する方法です。

■セル範囲の書き方

ここで、「**セル範囲**」について説明します。先に述べたとおり、セル範囲は複数の隣り合うセルをまとめて参照する方法です。セル範囲の

Advice

次の「関数の書き方」では、イメージしにくい新しい用語がいくつか登場します。もし具体的にExcelに入力してから書き方を確認したい場合は、次ページの「複数の数値を合計するSUM関数の書き方」で実際に入力練習をしてから「関数の書き方」に戻って読み始めるとイメージしやすいでしょう。

書き方は次のとおりです。

　　開始セル番地:最終セル番地

このとき、セル範囲は「**開始セル番地**」から「**最終セル番地**」までの長方形の範囲にあるセルをすべて表します。言い換えると、「開始セル番地」を左上隅、「最終セル番地」を右下隅としてセルを選択した場合の複数のセルを表します。例えば、A1:D1と記述した場合は、セルA1、B1、C1、D1の4個のセルを表します（図4-15(a)）。つまり、A1:D1は「セルA1からD1まで指定する」と言い換えられます。また、C2:D4と記述した場合は、セルC2、C3、C4、D2、D3、D4の3行2列の範囲の6個のセルを表します（図4-15(b)）。

　　　　　(a)

　　　　　(b)

図4-15　セル範囲：(a)A1:D1、(b)C2:D4

■**複数の数値を合計するSUM関数の書き方**

ここで具体的な関数を入力して書き方を確認します。**SUM関数**は合計を計算する関数です。書き方を表4-4に示します。

表4-4　SUM関数

関数名	書式	セルへの入力例	例の説明
SUM	SUM(数値1, 数値2, …)	=SUM(A1:C1)	セルA1、B1、C1の合計を計算します

関数名は「SUM」、括弧中の引数は合計したい数値を並べます。例えば、セルに「=SUM(1,2,3)」と書けば、引数に3個の整数1,2,3を指定したことになり、合計の6が結果になります。ここで、関数は数式の中に書くため、最初に「=」を付けて数式とする必要があるので注意してください。また、セルに「=SUM(A1,B1,C1)」と書けば、引数にセルA1、B1、C1を指定したことになり、A1+B1+C1の値が結果になります。引数にはセル範囲を使用できるので、セルに「=SUM(A1:C1)」と書いてもセルA1からセルC1までの合計が計算されます。

それでは、実際にExcelで入力して確認をします。図4-16のようにデータを入力します。まずは引数に数値を入力する練習として、キーボードからセルB1に「=SUM(1,2,3)」と入力して Enter を押して確定します。結果としてセルB1に6と表示されます。このとき、セルB1をアクティブセルにして数式バーを確認するとセルの中身はSUM関数を使った数式であることが確認できます。次に、引数にセル参照を使った例としてセルE4に「=SUM(B4,C4,D4)」と入力します。結

果として、セルB4、C4、D4の合計が計算されて45と表示されます。最後に、引数にセル範囲を使用する例として、セルE7に「=SUM(B7:D7)」と入力します。結果として、セルB7、C7、D7の合計が計算されて45と表示されます。

図4-16　SUM関数による計算

■引数に文字列を指定する

引数には数値を使うことが多いのですが、関数によっては文字列を必要とする場合があります。引数に文字列を必要とする場合は、その文字列をダブルクォーテーション（"）で囲みます。例えば、文字列ABCを引数に使用したい場合は、"ABC"と書きます。

文字列は「**&演算子**」を使って結合ができます。例えば「=B1&"@"&B2」と書くと、セルB1とB2を@マークで挟んで結合します。

■関数の入力方法（直接入力）

　SUM関数で説明したように、関数は書式に従ってセルにキーボードから直接記述することで使用できます。関数は数式の一部なので、数式と同様に最初は「＝」から開始します。最初の＝記号以降、関数名を入力し始めると、カーソル付近にポップアップメニューが表示され、関数の候補が表示されます。開始括弧「(」まで入力すると、「**ポップヒント**」と呼ばれるポップアップが表示され関数の書式が現れます。このポップヒントを見ながら引数を入力し、最後に「)」まで入力すると関数が完成します（図4-17）。

図4-17　関数のポップヒント

■関数の入力方法（関数の挿入）

　関数を直接セルに入力する以外にも、関数を挿入する方法があります。[**関数の挿入**]ボタンを利用する方法は、使いたい関数の検索や、引数の順番がわからないときの確認などに便利です。使用するには、まず関数を入力したいセルを選択します。次に、[**数式**]タブ→[**関数ライブラリ**]グループ→[**関数の挿入**]をクリックします。この操作で[**関数の挿入**]ダイアログボックスが表示されます（図4-18）。

　[**関数の挿入**]ダイアログボックスでは関数名を指定します。[**関数の分類**]から関数の属するグループを選択すると、そのグループの関数が[**関数名**]に表示されます。もし、関数名があらかじめわかっている場合は、[**関数の検索**]に関数名やキーワードを入力して[**検索開始**]ボタンをクリックしても関数名を探せます。最後に、関数名を選択し[**OK**]ボタンをクリックして決定します。例えば、SUM関数は[**関数の分類**]で[**数学/三角**]のグループに属します。関数名はアルファベット順に並んでいるので上から順番に探します。

図4-18 ［関数の挿入］ダイアログボックス

［**関数の挿入**］ダイアログボックスで［**OK**］ボタンをクリックすると、選択された関数の引数を入力するための［**関数の引数**］ダイアログボックスが表示されます（図4-19）。複数の引数がある場合は、最初の引数から順番に入力します。引数の入力は、直接キーボードから入力して指定できますが、セル参照を使う場合はワークシートの該当するセルをドラッグして選択しても入力できます。最後に［**OK**］ボタンをクリックすることで関数の入力が終了します。

なお、すでに関数が入力されているセルなどで［**関数の挿入**］ボタンをクリックすると、［**関数の引数**］ダイアログボックスが表示されて引数の修正から再開できます。

Advice

他にも［**関数の挿入**］ダイアログを表示するには次のような方法があります。
(1) 数式バーにある f_x（**関数の挿入**）ボタンをクリックする。
(2) ［**ホーム**］タブ→［**編集**］グループ→［**Σ オートSUM**］の［**▼**］→［**その他の関数**］
(3) ［**数式**］タブ→［**関数ライブラリ**］グループ→［**Σ オートSUM**］の［**▼**］→［**その他の関数**］

図4-19 ［関数の引数］ダイアログボックス

■関数の入力方法（ΣオートSUM）

　合計・平均・最大・最小などの計算を行う関数を入力する場合は、[**Σ オートSUM**] ボタンが便利です。関数を入力したいセルを選択し、[**ホーム**] タブ→ [**編集**] グループ→ [**ΣオートSUM**] をクリックすると SUM関数が入力されます（図4-20）。次に引数を指定します。引数は隣り合うセルなどから自動的に入力されるので、確認をして間違っていれば修正します。最後に[Enter]で関数の入力を確定します。この [**Σ オートSUM**] では、[**ΣオートSUM**] の [▼] をクリックして表示されるメニューから、合計・平均・数値の個数・最大値・最小値を求める関数を選べます。これらの関数は使用頻度が高く [**ホーム**] タブから別のタブに移動せずに入力できるため便利です。また、[**Σオート SUM**] ボタンは [**数式**] タブ→ [**関数ライブラリ**] グループにもあります。なお、平均・数値の個数・最大値・最小値に関する関数の使用方法は4.2.4で説明します。

図4-20　[ΣオートSUM] ボタン

> **練習問題4-1（SUM関数の入力練習）**

次のワークシートのようにデータを入力します。各行には受験番号と試験1から試験3の結果が入力されています。各行のE列に各受験生の試験1から試験3の合計をSUM関数を使用して計算しなさい。

	A	B	C	D	E	F
1	受験番号	試験1	試験2	試験3	合計	
2	IT0001	8	35	15		
3	IT0002	12	20	10		
4	IT0003	12	10	5		
5						

4.2.3 相対参照・絶対参照・複合参照

　ここまで、数式や関数の書き方を順番に解説してきました。様々な問題において計算式を組み立てることは難しい作業ですが、数式を正しく入力できればExcelが自動計算してくれるため大変便利です。また数式を入力する際に、同様の計算をするときは、数式を1回ずつ入力するのではなく数式が複写できればさらに便利です。例えば、2種類の商品AとBの販売価格を計算したいときに、商品の原価は異なるが販売価格の計算方法は同じであるといった場合です。このとき、商品AとBの価格の計算を別々に入力するのではなく、商品Aの販売価格の数式を作成したのち、商品Bの販売価格を商品Aに対する数式を複写することで入力できれば便利です。また、商品が多種類ある場合は、複写ができないとすべてを入力するのに大変な労力が必要になります。

　Excelは、同じような計算式を複写して利用できるように設計されています。数式を正しく複写して使用できるようになるために、ここでは数式の複写に必要なセル参照の使用方法について詳しく説明します。

■セル参照の種類

　数式の中でセル番地を使ってデータを指定することをセル参照と言うことはすでに説明しましたが、セル参照には3種類の書き方があります。

　数式内にセル番地をそのまま書く方法を「**相対参照**」と言います。例えば、数式内にA1やB2と書くと相対参照になります。数式内の相対参照は、その数式を別のセルに複写すると、複写元から移動した分だけ位置が移動します。例えば、セルA1に書かれた式をセルC2に複写すると、セルC2はセルA1から見ると1行下2列右にあるので、相対参照で書かれたセル参照はすべて1行2列分移動します。

　相対参照は複写すると参照先が移動してしまいます。セルの参照先を移動させたくない場合は、セル番地の行番号と列番号の前に$記号

を挿入します。つまり、セル参照を「**$列$行**」と書いて指定します。$記号は固定することを意味しており、列番号および行番号を固定したことになります。このように行番号と列番号の両方の前に$記号を書くセル参照を「**絶対参照**」と言います。例えば、数式を複写してもセル参照をA1から移動させたくない場合は、「A1」と書けば移動しなくなります。

　数式を複写するとき、行もしくは列番号の片方だけ移動させたくないときは、移動させたくない方の前に$記号を書きます。この方法を「**複合参照**」と言います。例えば、数式の中で「$A1」と書けば、数式をどのセルに複写してもそのセル参照はA列以外にはなりません。つまり、列は移動しなくなります。しかし、行番号の1の前には$記号が書かれていないため、数式を複写したときに移動した分だけ行番号は変更されます。

　セル参照の使い方の手順をまとめると次のようになります。

(1) 数式を複写して同様の計算を別のセルで行いたい場合は、複写したい数式をセル番地を使った相対参照を使用して書く。
(2) 数式を複写したときに番号を変化させたくないセル番地がある場合は、そのセル参照の列番号と行番号の両方に$記号を付けた絶対参照を使用する。
(3) 数式を複写したときに列もしくは行の片方を変化させたくない場合は、列番号か行番号の変化させたくない方に$記号を付けた複合参照を使用する。

　このように、セル参照の書き方は3種類ありますが、数式を書くときには意味の違いに気付きにくいと思います。例えば、数式にセルA1を使う場合、相対参照を使って「A1」と書いた場合、絶対参照で「A1」と書いた場合、複合参照を使って「$A1」または「A$1」と書いた場合の結果は、最初に数式を書いたセルでは違いがありません。しかしこの数式を複写すると結果が変わってきます。したがって、慣れないうちは数式を複写してからカラーリファレンスを使ってセル参照を確認し、間違っているようならばセル参照の方法を修正するとよいでしょう。

■セル参照の使用例

　ここで相対参照と絶対参照を使用する例を使って具体的に説明します。図4-21は支払金額の計算です。B列には商品の販売価格、C列には購入個数が入力された小さい表になっています。2行目の支払金額の計算をセルD2で行います。セルD2に「＝B2＊C2」と計算式を書きます。この式を1つ下のセルD3に複写すれば、式は「＝B3＊C3」となり3行目の式になります。なお、複写はオートフィルを使用する

4.2 計算と関数

Advice

　相対参照を便利に使うためには、あらかじめ書いておく表の形も重要です。同じ種類のデータが同じ列に並ぶように、表の一番上の行には列見出しを付けるとよいでしょう。また、各行には1つのものに関連するデータを列見出しの順番に書いておきます。

と便利です。図4-22は、図4-21の計算に割引率を入れた価格（割引価格）を計算する例です。割引率をセルG2に入力し、割引価格は支払金額からその割引分の料金を引いたものとして計算します。つまり、セルG2を10とすると、割引価格は支払金額の10％引きで計算します。このような場合、セルE2に入力する「きゅうりの割引価格」の式は「＝D2＊(100－G2)/100」のように書き、セルG2を絶対参照にして式の複写によって参照が移動しないようにします。これをE3に複写してみると「＝D3＊(100－G2)/100」となりセルG2の参照は移動していないことが確認できます。

Advice

セル参照を入力するときは F4 で相対参照、複合参照、絶対参照に切り替えられます。例えば、セル参照A1が書かれている部分で F4 を押すと、A1→A1→A$1→$A1と押すごとに切り替えられます。

図4-21　セルの相対参照

図4-22　セルの絶対参照

■コラム■　**絶対参照と相対参照**

　式の中で相対参照、絶対参照、複合参照を使う方法について説明しました。実際には、Excelのセル参照は、式の位置を基準に相対的な位置としてセルを参照するか、それとも行番号や列番号を使って名前（絶対的な位置）でセルを指定するかを、$記号を使った書き方で切り替えているとイメージするとよいでしょう。

例えば、$記号を使わない相対参照は、その式が記入されているセルの位置を基準に、そこからどのくらい離れているかという相対的な位置で指定する方法です。図4-21では、セルD2に書かれた数式「=B2＊C2」は「=（左に2つ離れたセル）＊（左に1つ離れたセル）」を意味しています。したがって、D2の式をD3に複写すると左に2つ離れたセルはB3、左に1つ離れたセルはC3になるため「=B3＊C3」となります。

　また、行番号や列番号に$記号を付けて使う絶対参照や複合参照は、$記号を付けた方をその番号の位置（絶対的な位置）で利用することを意味しています。図4-22ではセルE2の式の中で「G2」と書いていますが、この部分はG列目かつ2行目（つまりセルG2）を使うと絶対的な位置を指定しています。したがって、式をどのセルに複写しても式内のG2は変わることがありません。

　Excelを活用するには、セル参照の理解が欠かせません。数式を書きながら使い方と意味を習得していきましょう。

■コラム■　セル参照とセルの移動

　式で参照するセルへの操作について注意すべき点があります。Excelでは［切り取り］と［貼り付け］の操作でセルを移動することは説明しました。この移動方法で式が参照しているセルを移動した場合は、式内の対応するセル参照も移動します。絶対参照でも相対参照でも、式で参照したセルが移動すればセル参照も同時に移動します。言い換えると、式は参照したセルが移動すると、はじめに書いた式とは違った意味の式に変わります。一見すると問題がありませんが、その式を別のセルに複写する場合には注意が必要です。特に、相対参照の場合は、相対的な位置が変化しているため、意図しない結果になる可能性があります。このようなトラブルを避けるため、データが入力されているセルに移動操作をするときは注意しましょう。なお、参照先のセルを［切り取り］ではなく［コピー］して貼り付けた場合は、そのセルを参照する式のセル参照が変化しません（図4-23）。

図4-23　セル参照とセルの移動

練習問題4-2（相対参照の練習）

次のワークシートは、練習問題4-1のワークシートを拡張したものです。まず、セルE2に受験番号IT0001の試験1から試験3の合計を計算するSUM関数を入力しなさい。次に、オートフィルを使ってセルE3からE11までのセルを完成させなさい。

	A	B	C	D	E	F	G
1	受験番号	試験1	試験2	試験3	合計		
2	IT0001	8	35	15			
3	IT0002	12	20	10			
4	IT0003	12	10	5			
5	IT0004	20	30	30			
6	IT0005	4	10	35			
7	IT0006	8	5	20			
8	IT0007	16	30	20			
9	IT0008	16	35	40			
10	IT0009	8	10	35			
11	IT0010	12	35	25			
12							

練習問題4-3（複合参照の練習）

次のワークシートは、3つの表から構成されています。表1には商品と価格が、表2には12月1日から3日までの3日間の各商品の販売個数が入力されています。表3はまだ空欄になっていますが、これは各商品のその日の売上金額を計算する表です。例えば、セルB11では、12月1日のきゅうりの売上金額を計算します。表3のセルB11からD14の空欄を数式を使って計算しなさい。空欄を埋める際には、はじめにセルB11に式を入力しなさい。また、他のセルはセルB11の式を複写することで埋められるように、セルB11に入力する数式を工夫しなさい。

	A	B	C	D	E	F	G	H	I
1	表1：価格（単位：円）			表2：販売個数（単位：個）					
2	商品	価格		商品	12月1日	12月2日	12月3日		
3	きゅうり	120		きゅうり	130	152	64		
4	ナス	140		ナス	69	100	70		
5	トマト	280		トマト	100	104	103		
6	ジャガイモ	60		ジャガイモ	104	93	103		
7									
8									
9	表3：売上金額（単位：円）								
10	商品	12月1日	12月2日	12月3日					
11	きゅうり								
12	ナス								
13	トマト								
14	ジャガイモ								

4.2.4 AVERAGE／MAX／MIN／COUNT／COUNTA 関数

> **Advice**
> COUNTA関数は、[ΣオートSUM］のメニュー内にはありません。直接入力するか、[関数の挿入］ダイアログを利用しましょう。関数の挿入では、COUNTA関数は[関数の分類］の[統計］グループ内にあります。

平均、最大値、最小値を計算する関数は、それぞれ**AVERAGE**、**MAX**、**MIN**関数です。書き方は表4-5のとおりです。

表4-5　AVERAGE／MAX／MIN関数の書式

関数名	書式	セルへの入力例	例の説明
AVERAGE	AVERAGE(数値1, 数値2, …)	=AVERAGE(A1:C1)	セルA1、B1、C1の平均を求めます
MAX	MAX(数値1, 数値2, …)	=MAX(A1:C1)	セルA1、B1、C1の最大値を求めます
MIN	MIN(数値1, 数値2, …)	=MIN(A1:C1)	セルA1、B1、C1の最小値を求めます

データ数を数える関数は、**COUNT関数**と**COUNTA関数**です。COUNT関数は引数の中の数値データの個数を数えます。それに対して、COUNTA関数は引数の中で空白以外のセルの個数を数えます。書き方は表4-6のとおりです。

表4-6　COUNT／COUNTA関数の書式

関数名	書式	セルへの入力例	例の説明
COUNT	COUNT(値1, 値2, …)	=COUNT(A1:C1)	セルA1、B1、C1の中で数値データが入力されているセルの個数を求めます
COUNTA	COUNTA(値1, 値2, …)	=COUNTA(A1:C1)	セルA1、B1、C1の中で空白以外のセルの個数を求めます

練習問題4-4（統計関数）

次のワークシートは、ある試験の結果で、教科の列の空欄は欠席を表します。各学生の合計点と平均点、各教科の平均点、最高点、最低点、出席者数を関数を使って計算しなさい。ただし、平均点は欠席者を含めないこととします。例えば「文学」の平均点は欠席者を除く4人の平均点になります。

	A	B	C	D	E	F	G	H	I
1	学籍番号	文学	数学	経済学	社会学	物理学	合計	平均	
2	2016001	66	72	56	40	50			
3	2016002		88	34	94	42			
4	2016003	62	56	46					
5	2016004	84		78	82	42			
6	2016005	52	70	52	98	58			
7	平均								
8	最高点								
9	最低点								
10	出席者数								
11									

練習問題4-5（セルのカウント）

次のワークシートは、ある講習会の出席表です。〇が出席を、空欄が欠席を表します。全体の延べ出席者数をセルH2に求めなさい。

	A	B	C	D	E	F	G	H	I	J
1	受講者名	11月1日	11月8日	11月15日	11月22日	11月29日		延べ出席者数		
2	Aさん	〇	〇	〇	〇	〇				
3	Bさん	〇	〇			〇				
4	Cさん	〇	〇		〇	〇				
5	Dさん		〇	〇	〇					
6										

4.2.5 IF関数

Excelには、計算以外の目的で利用できる関数が多数あります。ここではその一例として、条件に合わせて結果を変更できるIF関数について説明します。

■比較演算子と論理値

Excelでは、表4-7のような比較演算子を使って条件を「**論理式**」で表します。ここで言う条件とは、「セルA1の値が10以上」や「セルA1よりB1の方が小さい」などです。これらの条件を比較演算子を使って書くと、「セルA1の値が10以上」は「A1>=10」となり、「セルA1はB1より大きい」は「A1>B1」となります。

表4-7 比較演算子

演算子	意味	演算子	意味	演算子	意味
=	等しい	>	より大きい	>=	以上
<>	等しくない	<	未満	<=	以下

これらの条件を満たすかどうかはセルの値によって異なります。例えば、「セルA1の値が10以上」という条件では、セルA1の値が11ならば条件を満たしますが、値が5ならば条件を満たしません。Excelでは、論理式の条件を満たす場合を「**TRUE**」（真）という値で表し、条件を満たさない場合を「**FALSE**」（偽）という値で表します。これらTRUEとFALSEを「**論理値**」と言います。例として、セルA2に11、セルB2に論理式「=A2>=10」と書いて結果を確認してみます（図4-24）。セルA2が11であるためセルB2の表示はTRUEになります。また、セルA2を5に変更するとセルB2の値はFALSEになります。なお、論理式は数式ですので、式「=A2>=10」のように最初に=記号を書いています。

図4-24 比較演算子と論理値

■ IF関数

条件に合わせて処理結果を変えたいと思うことはよくあります。例えば、試験で「点数が70点以上ならば合格、それ以外は不合格」という成績評価をする場合です。この評価の条件は「点数が70点以上」です。この条件を満たせば「合格」、満たさなければ「不合格」と結果を変えたいと考えます。このような場面で使用する関数が**IF関数**です。

IF関数の書き方は、表4-8のとおりです。

表4-8 IF関数の書式

関数名	書式	セルへの入力例	例の説明
IF	IF(論理式, 真の場合, 偽の場合)	=IF(A2>50, "適合", "不適合")	セルA2の値が50より大きいならば「適合」、そうでなければ「不適合」と表示します
		=IF(A2="出席", "○", "")	セルA2が「出席」ならば「○」と表示し、そうでなければ何も表示しません（空文字列を表示します）

先ほどの試験の成績評価を使ってIF関数の書き方について説明します。点数がセルA2に書かれているとし、セルB2にIF関数を使った数式を書いて成績を評価します（図4-25）。「点数が70点以上ならば合格、それ以外は不合格」という試験の成績評価をする式をIF関数で書くとき、条件を書く1番目の引数部分は「**論理式**」で「A2>=70」と書きます。次に、条件が「**真の場合**」を書く2番目の引数部分は「"合格"」と書きます。ここで、「合格」という言葉は文字列であるためダブルクォーテーションで括ります。最後に、「**偽の場合**」を書く3番目の引数部分は「"不合格"」と書きます。つまり、セルB2に「=IF(A2>=70,"合格","不合格")」と入力します。結果として、例えばセルA2が80ならば「合格」と、セルA2が50ならば「不合格」と表示されます。

図4-25　IF関数

　IF関数の「真の場合」と「偽の場合」の部分に長さ0の文字列（**空文字列**）「""」を書くと、セルに何も表示しなくなります。長さ0の文字列とは、文字が0個の文字列を意味しますので、空白ではありませんが何も表示されません。条件を満たす場合もしくは条件を満たさない場合だけ結果を表示したい場合は、空文字列を利用すると便利です。

　IF関数は書き方や条件評価の流れを理解することが難しい関数です。IF関数をわかりやすく図示するには「**フローチャート**」が有効です。図4-26は、先ほどの式「IF(A2>=70,"合格","不合格")」をフローチャートで図示した例です。フローチャートは上から下に向かって線に沿って順番に読んでいきます。ひし形の図形は条件を表し、長方形は処理を表します。条件のひし形から出る線は真（TRUE）の場合と偽（FALSE）の場合の2本あり、条件を評価したときの結果によってたどる線が異なります。もし、IF関数の数式を読むことが難しい場合は、このようなフローチャートを書いて確認するとよいでしょう。また、IF関数を書くことが難しい場合は、条件判断のフローチャートを先に書いてから順番にIF関数の書式に合わせて数式に書き直すとよいでしょう。

図4-26 成績判定のフローチャート

練習問題4-6（IF関数）

次のワークシートには、ある試験の点数がA列に、基準点がセルF2に書いてあります。次の条件で各点数を評価しなさい。

1. 評価1（B列）は、点数が90点以上であれば「優」と表示する。
2. 評価2（C列）は、点数が基準点以上であれば「合格」そうでなければ「不合格」と表示する。
3. 評価3（D列）は、点数が100点ならば「満点」と表示し、そうでなければ100点との差の点数を表示する。例えば、セルA2が95であるので、セルD2は5となる。

	A	B	C	D	E	F	G	H
1	点数	評価1	評価2	評価3		基準点		
2	95					70		
3	100							
4	74							
5	62							
6	45							

4.3 見やすい表の作成

4.3.1 ワークシートの操作

■ワークシートの挿入・削除

新しいワークシートを挿入するには、[**ホーム**] タブ→ [**セル**] グループ→ [**挿入**] の [▼] → [**シートの挿入**] を選択します（図4-27）。新しいワークシートは、現在表示中のワークシートの前に挿入されます。また、シート見出しの右にある ⊕ （[**新しいシート**] ボタン）をクリックすると表示中のワークシートの次に挿入されます。

ワークシートを削除するには、削除したいワークシートを表示し、[**ホーム**] タブ→ [**セル**] グループ→ [**削除**] の [▼] → [**シートの削除**] を選択します（図4-27）。

Advice

シート見出しを右クリックして表示されるコンテキストメニューからワークシートを挿入／削除することもできます（図4-27）。メニューから [**挿入**] を選択すると、[**挿入**] ダイアログボックスが表示されるので、[**標準**] タブの [**ワークシート**] を選択し [**OK**] をクリックします。また、メニューから [**削除**] を選択するとそのワークシートは削除されます。

新しいシートを挿入する場合は [シートの挿入] を選択します

現在表示しているシートを削除する場合は [シートの削除] を選択します

●シート見出しからシートを削除する場合は
右クリックして [削除] を選択します

シート見出しを右クリックして表示するメニューから
[挿入] を選択するとダイアログが開きます

ワークシートを選択し [OK] をクリックすると
新しいワークシートが挿入されます

図4-27　ワークシートの挿入・削除

■ワークシートの移動／コピー／名前の変更

ワークシートを移動またはコピーしたい場合は、[**ホーム**]タブ→[**セル**]グループ→[**書式**]→[**シートの移動またはコピー**]を選択します。表示される[**シートの移動またはコピー**]ダイアログボックスから[**挿入先**]を選択し[**OK**]をクリックすると、挿入先として指定したシートの前にワークシートが移動します。また、このダイアログボックスで[**コピーを作成する**]にチェックを入れると、複製されたワークシートが挿入先の前に配置されます。

ワークシートの名前を変更したい場合は、[**ホーム**]タブ→[**セル**]グループ→[**書式**]→[**シート名の変更**]を選択して、シート見出しに新しい名前を入力します(図4-28)。また、[**ホーム**]タブ→[**セル**]グループ→[**書式**]→[**シート見出しの色**]で色を選択すると、シート見出しの色を変更できます。

> **Advice**
> マウスでシート見出しをドラッグすることでシートを移動することができます。また、[Ctrl]を押しながらシート見出しをドラッグすることでシートを複製することができます。

> **Advice**
> シート見出しを右クリックして表示されるコンテキストメニューから、ワークシートの移動・コピー・名前の変更・シート見出しの色の操作ができます(図4-28)。

図4-28　ワークシートの移動・コピー・名前の変更

4.3.2 行／列の挿入・削除

ワークシートに新たに行または列を挿入したい場合は、行番号または列番号を選択し、[**ホーム**] タブ→ [**セル**] グループ→ [**挿入**] をクリックします。新しい行もしくは列は、選択した行または列の手前に挿入されます。また、ワークシートの行または列を削除したい場合は、行番号または列番号を選択し、[**ホーム**] タブ→ [**セル**] グループ→ [**削除**] をクリックします（図4-29）。

図4-29　行と列の挿入・削除

セルを挿入する場合は、手順が少し複雑です。セルを挿入したい場合は、挿入したいセル番地をアクティブセルにし、［**ホーム**］タブ→［**セル**］グループ→［**挿入**］を選択します。このとき、新しいセルがそのセル番地に挿入されると同時に、そのセル番地より下にあるセルは下方向に移動します。もしセルの移動する方向を指定したい場合は、［**ホーム**］タブ→［**セル**］グループ→［**挿入**］の［**▼**］→［**セルの挿入**］を選択し、表示される［**セルの挿入**］ダイアログボックスから挿入したい方向を選び［**OK**］をクリックします（図4-30）。削除する場合も［**ホーム**］タブ→［**セル**］グループ→［**削除**］から同様に操作できます。

Advice

セルを1つ選択し、［**ホーム**］タブ→［**セル**］グループ→［**挿入**］の［**▼**］→［**シートの行を挿入**］または［**シートの列を挿入**］を選択すると、選択されたセルの位置に行または列が挿入されます（図4-29）。また、挿入したい位置の行番号または列番号を右クリックし、メニューから［**挿入**］をクリックしても行または列が挿入されます。

セルを1つ選択し、［**ホーム**］タブ→［**セル**］グループ→［**削除**］の［**▼**］→［**シートの行を削除**］または［**シートの列を削除**］を選択すると、そのセルを含む行または列が削除されます（図4-29）。また、削除したい行番号または列番号を右クリックし、メニューから［**削除**］をクリックしても行または列が削除されます。

図4-30　［セルの挿入］と［セルの削除］ダイアログボックス

4.3.3　行／列の非表示と再表示

行や列を非表示にするには、非表示にしたい行または列に含まれるセルを選択し、［**ホーム**］タブ→［**セル**］グループ→［**書式**］→［**非表示/再表示**］から［**行を表示しない**］または［**列を表示しない**］を選択します（図4-31(a)）。

非表示になっている行や列を再表示するためには、その行や列を含むようなセル範囲を選択し、［**ホーム**］タブ→［**セル**］グループ→［**書式**］→［**非表示/再表示**］から［**行の再表示**］または［**列の再表示**］を選択します（図4-31(b)）。

ワークシートを非表示にするには、［**ホーム**］タブ→［**セル**］グループ→［**書式**］→［**非表示/再表示**］→［**シートを表示しない**］を選択します。このとき、現在表示されているワークシートが非表示になります。また、非表示になっているワークシートを再表示するには、［**ホーム**］タブ→［**セル**］グループ→［**書式**］→［**非表示/再表示**］→［**シートの再表示**］を選択し、［**再表示**］ダイアログボックスから再表示したいシート名を選択し［**OK**］をクリックします。

Attention

非表示になったシート・行・列は、表示されていないだけであり、データは削除されていません。作成したブックをデータで配布する場合は、非表示のデータも残されたまま配布してしまうため注意しましょう。

Advice

行番号、列番号、シート見出しを右クリックして表示されるメニューから［**非表示**］または［**再表示**］を選択することでも、行、列、ワークシートを非表示または再表示することができます。

図4-31　行／列の非表示と再表示

4.3.4　行の高さ／列幅の調整

　セルにデータを入力すると列の幅に収まらないことがあります。このような場合は、列幅を次のような方法で調整します。ここでは、列幅についてのみ説明しますが、行の高さも同様の方法で変更することができます。

■データに合わせた行の高さ／列幅の自動調整

　列幅を自動的に調整するには、調整したい列見出しの右端近くにマウスポインタを移動し、マウスポインタが ✥ のときにダブルクリックします。列幅は、その列に含まれる文字列の最大の長さに調整されます。列見出しをドラッグして複数の列を選択しておくと、ダブルクリックしたときに選択しているすべての列が同時に自動調整されます（図4-32）（行の高さの自動調整の場合は、マウスポインタが ✥ のときにダブルクリックします）。

また、調節したい表のセル範囲を選択し、[**ホーム**]タブ→[**セル**]グループ→[**書式**]→[**列の幅の自動調整**]を選択すると、そのセル範囲の文字列に合わせて列幅が自動的に調整されます。

図4-32　列幅の自動調整

なお、マウスで列幅を調整する場合は、その列の列番号の右端でマウスポインタが ✥ のときにドラッグすると、自由な大きさに変更できます。

■数値入力による行の高さ／列幅の調整

列幅の長さを指定して調整したい場合は、その列番号を選択し、[**ホーム**]タブ→[**セル**]グループ→[**書式**]→[**列の幅**]を選択します。表示された[**列幅**]ダイアログボックスに列幅の数値を入力し[**OK**]ボタンをクリックすると、幅が変更されます（図4-33）。列番号ではなく、セルを選択しても同様の操作で列幅を変更できます。異なる列の複数のセルを選択した場合は複数の列が同時に変更されます。

図4-33　列幅の調整

4.3.5　セルの書式設定（表示形式）

通貨や日付などの表示をExcelの標準的な表示ではなく用途に適した表示に切り替えたい場合があります。例えば、「1000」という数値を「¥1,000」のように通貨の表示にしたいというような場合です。このようなときは、セルの表示形式を変更します。

セルの表示形式を変更するには、そのセルを選択し、[**ホーム**]タブ→[**数値**]グループから[**通貨表示形式**]や[**パーセントスタイル**]など適用したいものを選択します（図4-34上）。[**数値**]グループにない場合は、[**ホーム**]タブ→[**セル**]グループ→[**書式**]→[**セルの書式設定**]を選択し、[**セルの書式設定**]ダイアログボックスの[**表示形式**]タブから適用したい[**分類**]などを選択し、[**OK**]ボタンをクリックします（図4-34下）。

Advice

[**セルの書式設定**]ダイアログボックスは、[**ホーム**]タブ→[**フォント**]グループ、[**配置**]グループ、[**数値**]グループの[**ダイアログボックス起動ツール**]をクリックするか、書式を変更したいセルを右クリックして表示されるメニューから[**セルの書式設定**]を選択しても表示されます。

Advice

[**セルの書式設定**]ダイアログボックスを表示するキーボードショートカットは、[Ctrl]+[1]です。

図4-34 セルの書式設定(表示形式)

4.3.6 セルの書式設定(文字の配置)

セル内の文字列の表示位置を変更したい場合は、[**ホーム**]タブ→[**配置**]グループから配置を選択します(図4-35上)。縦方向の文字列の配置には、[**上揃え**]、[**上下中央揃え**]、[**下揃え**]などがあり、横方向には[**左揃え**]、[**中央揃え**]、[**右揃え**]などがあります。詳細な設定は、[**ホーム**]タブ→[**配置**]グループの[**ダイアログボックス起動ツール**]で表示される[**セルの書式設定**]ダイアログボックスの[**配置**]タブから設定ができます(図4-35下)。

Attention

セルへデータを入力すると、Excelが自動的にその内容に合わせた表示形式とデータに変更するため、予期せぬ結果となる場合があります。例えば、分数「1/2」を入力すると標準では「1月2日」に変換されて分数として扱われません。このような不都合が生じた場合は、あらかじめ表示形式を適切な分類(この場合は「分数」)に設定してから入力することで解決できます。

図4-35 セルの書式設定(文字の配置)

4.3.7 セルの書式設定(フォント)

フォントやフォントサイズ、太字や斜体などのスタイルといった文字の表示形式を変更したい場合は、[**ホーム**]タブ→[**フォント**]グループから設定できます(図4-36上)。より詳細に設定したい場合は、[**ホーム**]タブ→[**フォント**]グループの[**ダイアログボックス起動ツール**]で表示される[**セルの書式設定**]ダイアログボックスの[**フォント**]タブから設定ができます(図4-36下)。

図4-36 セルの書式設定（フォント）

4.3.8 セルの書式設定（罫線）

セルの周辺に罫線を引きたい場合は、変更したいセル範囲を選択し、[**ホーム**] タブ→ [**フォント**] グループ→ [**罫線**] の [▼] で表示されるプルダウンメニューの [**罫線**] グループの中から適用したい罫線を選択します（図4-37）。マウスを使用して自由に罫線を作成したい場合は、[**ホーム**] タブ→ [**フォント**] グループ→ [**罫線**] の [▼] で表示されるプルダウンメニューから [**罫線の作成**] を選び、マウスポインタが（鉛筆）の状態で罫線を引きたいセルやセルの枠をドラッグします。

罫線を削除したい場合は、消したいセルを選択して、[**ホーム**] タブ→ [**フォント**] グループ→ [**罫線**] の [▼] で表示されるプルダウンメニューから [**枠なし**] を選択します。マウスで罫線を消したい場合は、[**ホーム**] タブ→ [**フォント**] グループ→ [**罫線**] の [▼] で表示されるプ

Advice

マウスポインタが（鉛筆）や（消しゴム）のときに、[Esc] を押すと、その操作を終了して標準のマウスポインタに戻ります。

ルダウンメニューの［**罫線の削除**］を選択し、マウスポインタが（消しゴム）の状態で罫線を消したいセルや罫線の上をドラッグします。

複数のセルの罫線を同時に設定したい場合は、変更したいセル範囲を選択し、［**ホーム**］タブ→［**フォント**］グループの［**ダイアログボックス起動ツール**］で表示される［**セルの書式設定**］ダイアログボックスの［**罫線**］タブから設定すると便利です（図4-38左）。

■ **Advice**

［**ホーム**］タブ→［**フォント**］グループの［**ダイアログボックス起動ツール**］で表示される［**セルの書式設定**］ダイアログボックスの［**塗りつぶし**］タブからセルの背景色の詳細な設定ができます（図4-38右）。

■ **Advice**

［**ホーム**］タブ→［**スタイル**］グループ→［**セルのスタイル**］には、いろいろなセルの書式設定が登録されています。手軽な操作でセルの書式設定を変えたいときに便利です。

図4-37　罫線

図4-38　セルの書式設定（罫線と塗りつぶし）

4.3.9 条件付き書式

条件に合わせてセルの書式を自動的に変更したい場合は、条件付き書式を使用すると便利です。条件付き書式を設定するには、適用したいセルを選択し、[**ホーム**]タブ→[**スタイル**]グループ→[**条件付き書式**]のメニューから条件を選択し、表示されるダイアログボックスから条件の詳細とセルの書式を選び[**OK**]ボタンをクリックします（図4-39）。

設定した条件付き書式を削除したい場合は、書式を削除したいセルを選択し、[**ホーム**]タブ→[**スタイル**]グループ→[**条件付き書式**]のメニューから[**ルールのクリア**]→[**選択したセルからルールをクリア**]を選択します。シート全体から条件付き書式を削除したい場合は、同様にして、[**ホーム**]タブ→[**スタイル**]グループ→[**条件付き書式**]のメニューから[**ルールのクリア**]→[**シート全体からルールをクリア**]を選びます。

1つのセルに複数の条件付き書式を設定できます。詳細に設定したい場合は、[**ホーム**]タブ→[**スタイル**]グループ→[**条件付き書式**]のメニューから[**ルールの管理**]を選択します。表示される[**条件付き書式ルールの管理**]ダイアログボックスで新規ルールの追加やルールの削除を行います。

図4-39　条件付き書式

条件付き書式の適用例として、図4-40のような表を考えます。C列で総務部だけ赤く色付けたい場合は、セルC2からC11までを選択し、[**ホーム**]タブ→[**スタイル**]グループ→[**条件付き書式**]→[**セルの強調表示ルール**]→[**文字列**]を選択します。[**文字列**]ダイアログボックスで、左の入力欄に「総務部」と入力し、右の書式から「**濃い赤の字、明るい赤の背景**」を選択し[OK]をクリックすると、総務部と入力されたセルだけにこの書式が適用されます。

図4-40　条件付き書式の適用例

練習問題4-7（条件付き書式）

図4-40の表に次のような条件付き書式を適用しなさい。

(1) E列の通勤時間の中で、時間が60分以上の場合は書式が「濃い黄色の文字、黄色の背景」になるように設定しなさい。
(2) F列の通勤方法の中で、通勤方法が電車以外の場合は書式が青色の背景になるように設定しなさい。

Advice

練習問題4-7のような条件は、図4-39のプルダウンメニューにある[**新しいルール...**]または[**ルールの管理...**]を使って設定しましょう。

4.4 グラフの利用

グラフは、表のデータを図としてわかりやすく視覚的に表示する方法の1つです。ここでは、各種グラフの特徴とExcelを使ったグラフの作成方法について解説します。

4.4.1　Excelでのグラフの種類

表をグラフで表現することにより、視覚的にデータを捉えることができます。グラフ作成で重要な点は、データの特徴を適切に表現できるグラフを選択することです。ここで、代表的なグラフの種類と、それらがどのようなデータに適しているのかを説明します。

■棒グラフ

棒グラフには、「集合棒グラフ」、「積み上げ棒グラフ」、「100％積み上げ棒グラフ」などがあり、向きは縦方向（縦棒）と横方向（横棒）があります。棒グラフは、データの差を比較するときに使います。例えば、8月はA店よりB店の方が売上が多いなど、数値の比較を示すとき、長さの差が売上の差になるので、わかりやすく示すことができます。

1. 集合棒グラフ

データの数値を棒の長さで表したグラフです。数値の差が長さの差となります。

2. 積み上げ棒グラフ

複数の棒グラフを積み上げたグラフで、データの合計が棒の長さになります。その結果、1つの項目しか比較できない集合棒グラフと異なり、複数項目と全体を同時に比較することができます。

3. 100％積み上げ棒グラフ

積み上げ棒グラフを割合で表したグラフです。各項目の割合の変化を示すことができます。例えば、図4-41であれば、2010年度から2016年度にかけて、「0～24点」と「90点～」の割合がともに増加していることがわかります。

図4-41　100%積み上げ棒グラフの例

■折れ線グラフ

　あるデータの一定期間の推移を表すときなどに利用します。例えば、気温の変化を表したいときなど、気温が上がれば上向きに、気温が下がれば下向きに線が折れるので、わかりやすく示すことができます（図4-42）。また、線の傾く角度で、その変化の大きさを見ることもできます。

図4-42　折れ線グラフの例

■円グラフ・ドーナツグラフ

　100%を表す円を各項目で分割して表したグラフで、ある1つの問題に対する各項目の割合を示すときに使います。各項目の割合が扇型の大きさ（面積）で表されるので、各項目の比較がしやすいという特徴があります（図4-43）。

　複数の円グラフを1つのグラフとして表したいときは、ドーナツグラフを使います。

図4-43　円グラフの例

■レーダーチャート

　レーダーチャートは、データの長所や短所を示したい場合に使います。例えば、図4-44のような場合は、各評価基準が、外側の点に近ければ評価が高く、内側の点に近ければ評価が低いというように、長所・短所を視覚的に表すことができます。

図4-44　レーダーチャートの例

■散布図

　散布図は、2つのデータ間の関係を視覚的に表示することができます（図4-45）。

図4-45　散布図の例

4.4.2 グラフの構成名称

グラフを構成する要素の名称は図4-46のとおりです。グラフの書式設定を変更したりする際に使います。

図4-46 グラフの画面構成

各部の機能について説明します（表4-9）。

表4-9 各部の機能

構成要素	説　明
グラフエリア	グラフの構成要素が描かれる部分です
グラフタイトル	グラフの表題です。グラフが何を表しているのか、簡潔に書きましょう
プロットエリア	グラフが描かれる部分です。グラフの種類により、棒線、折れ線、円などのグラフが描かれます
データ要素	各データを表します。グラフの種類によって形が変わります。図4-46では縦棒の形です
データ系列	同じ種類のデータ要素の集まりです
データラベル	データの値のラベルです。グラフに値などを表示したいときに使います
軸と軸ラベル （縦(値)軸／横(項目)軸）	グラフを表示するための基準となる軸とそのラベルです。ラベルには軸の値を表す内容を正しく簡潔に書きましょう。特に単位は忘れないように書きましょう
目盛線	目盛線は、グラフを見やすくするために使います。補助目盛線を使うことにより、さらに細かい目盛線を引くことができます
凡例	データ系列の名称を表示する部分です。データ系列をプロットエリアの外に書きたい場合に使います

4.4.3 グラフの作成方法

各グラフの作成方法について学習します。

■縦棒グラフの作成

図4-47 ある遊園地の月別入場者数の表（左）とその縦棒グラフ（右）

図4-47の例をもとに、次の手順で縦棒グラフの作成をします。

①表を作成します。ここでは、図4-47（左）の表のとおりにワークシートにデータを入力します。棒グラフを作成する場合は、行や列の見出しを必ず入力するようにします。

②次に、表からグラフにしたいデータを選択します。数値だけでなく、行や列の見出しも含めて、マウスでドラッグして選択します。ここでは、セルA3からC10まで選択します（図4-48）。

図4-48 データ範囲の指定

③グラフの種類を選びます。縦棒グラフを作成するには、[**挿入**] タブ→[**グラフ**] グループ→[**縦棒/横棒グラフの挿入**]→[**集合縦棒**]（図4-49）をクリックします。クリック後に、シート内にグラフが挿入されます。

> **Advice**
>
> 表全体をグラフにしたい場合は、表の中のデータの入ったセルを1つ選択するだけでも構いません。例えば、図4-48ではB4のセルをアクティブセルにします。

図4-49　グラフの種類の選択

④グラフタイトルの変更、軸ラベルの挿入、および凡例の位置の修正を行います（図4-50）。

　グラフタイトルを変更するには、グラフ内の「グラフタイトル」と書かれた場所をクリックしてタイトルを入力します。ここでは「ある遊園地の入場者数の推移」と入力します。次に、軸ラベルを挿入します。シート内のグラフをクリックして選択し、[**グラフツール**]から[**デザイン**]タブ→[**グラフのレイアウト**]グループ→[**グラフ要素を追加**]→[**軸ラベル**]→[**第1横軸**]を選び横軸ラベルを挿入します。横軸ラベルには「月」と入力します。同様にして、[**第1縦軸**]を選び縦軸ラベルを挿入します。縦軸ラベルには「入場者数（人）」と入力します。ここで、縦軸ラベルの文字方向を変更するには、グラフをクリックし、[**グラフツール**]から[**書式**]タブ→[**現在の選択範囲**]グループにおいて[**グラフ要素**]リストで[**縦（値）軸ラベル**]を選択し[**選択対象の書式設定**]

Advice
グラフは、他者が見ても意味を読み取ることができないと、意味がありません。そのため、グラフタイトルや軸ラベルを書くことは大切です。

Advice
グラフ要素はグラフを選択して表示される ＋ （グラフ要素）からも追加できます。

図4-50　グラフタイトルと軸ラベルの挿入

をクリックします。表示される［**軸ラベルの書式設定**］から［**タイトルのオプション**］→［**サイズとプロパティ**］→［**文字列の方向**］で［**縦書き**］を選びます。最後に、凡例の位置を右側に移動するには、［**グラフツール**］から［**デザイン**］タブ→［**グラフのレイアウト**］グループ→［**グラフ要素を追加**］→［**凡例**］→［**右**］を選択します。

以上の操作で縦棒グラフが完成しました。

もし、グラフの種類、レイアウト、スタイルを変更したい場合や、グラフを別のシートに移動したい場合は、次のような操作をします。

デザインを変更したい場合は、グラフを選択し、［**グラフツール**］の［**デザイン**］タブを選択します（図4-51）。［**デザイン**］タブでは、グラフの種類やレイアウト、スタイルなどを変更することができます。

また、グラフ用のワークシートを作成したい場合は、［**デザイン**］タブ→［**場所**］グループ→［**グラフの移動**］をクリックし、表示された［**グラフの移動**］ダイアログボックスの［**新しいシート**］を選択し、［**OK**］をクリックします（図4-52）。この操作で、新たにグラフだけのワークシートが作成されます。

4.4 グラフの利用

図4-51 ［デザイン］タブ

図4-52 ［グラフの移動］ダイアログボックス

> **Advice**
>
> グラフスタイルはグラフを選択したときにグラフエリアの右上に表示される🖌（**グラフスタイル**）からも変更できます。

練習問題 4-8

次の表から折れ線グラフを作成しなさい。

	A	B	C	D	E	F	G	H	I	J	K	L	M
1		1月	2月	3月	4月	5月	6月	7月	8月	9月	10月	11月	12月
2	A市	15	13	16	18	21	24	29	32	25	20	19	17
3	B市	2	5	3	8	13	18	23	28	24	19	13	8
4	C市	9	8	7	12	15	18	23	25	22	17	13	9

練習問題 4-9

左の表から右の円グラフを作成しなさい。ただし、作成する際には次の点に注意しなさい。

セル範囲A4:B11を選択してから円グラフを作成します。データラベルを挿入するには、まずグラフをクリックし、[**グラフツール**] から [**デザイン**] タブ→ [**グラフのレイアウト**] グループ→ [**グラフ要素を追加**] → [**データラベル**] → [**中央**] を選択します。各データラベルの位置はマウスでドラッグすることで変更できます。次に、[**グラフツール**] から [**書式**] タブ→ [**現在の選択範囲**] グループにおいて、[**グラフ要素**] リストで [**系列"支店A"データラベル**] を選択し [**選択対象の書式設定**] をクリックします。表示された [**データラベルの書式設定**] の [**ラベルオプション**] の中の [**ラベルの内容**] から [**分類名**]、[**パーセンテージ**]、[**引き出し線を表示する**] にチェックを入れます。最後に、凡例を削除するには、[**グラフツール**] から [**デザイン**] タブ→ [**グラフのレイアウト**] グループ→ [**グラフ要素を追加**] → [**凡例**] → [**なし**] を選択します。

練習問題 4-10

左の表から右のレーダーチャートを作成しなさい。

■散布図の作成

図4-53 年齢と年収のデータ（左）とその散布図（右）

図4-53をもとに、次の手順で散布図を作成します。

①表を作成します。ここでは、図4-53（左）のとおりに入力します。

②データを選択します。ここでは、年収の列（B列）のセルを1つアクティブにします。

③［挿入］タブ→［グラフ］グループ→［**散布図(X,Y)またはバブルチャートの挿入**］→［**散布図**］をクリックすると、シート内にグラフが挿入されます。

④プロットエリアを見やすくするために、軸目盛を調整します。はじめに、グラフを選択し、［**グラフツール**］から［**書式**］タブ→［**現在の選択範囲**］グループにおいて、［**グラフ要素**］リストで［**縦（値）軸**］を選択し［**選択対象の書式設定**］をクリックします。表示された［**軸の書式設定**］で［**軸のオプション**］の中の［**境界値**］→［**最小値**］を「200」と入力します。同様にして、［**グラフツール**］から［**書式**］タブ→［**現在の選択範囲**］グループにおいて、［**グラフ要素**］リストで［**横（値）軸**］を選択し［**選択対象の書式設定**］をクリックします。表示された［**軸の書式設定**］で［**軸のオプション**］の中の［**境界値**］→［**最小値**］を「29」と入力します。最後に、グラフタイトルを入力します。

■ヒストグラムの作成

	A
1	点数
2	59
3	100
4	13
5	47
6	32
7	86
8	24
9	52
10	73
11	42
12	53
13	12
14	72
15	74
16	43
17	50
18	39
19	58
20	72
21	46
22	54
23	52
24	16
25	53
26	50
27	51
28	45
29	59
30	66
31	50
32	27
33	52
34	37
35	45
36	58
37	0
38	38
39	79
40	47
41	37
42	81
43	38
44	68
45	48
46	67
47	61
48	21
49	59
50	54
51	31
52	52
53	82
54	19
55	62
56	67
57	97
58	29
59	64
60	59
61	46
62	49
63	51
64	20
65	64
66	55
67	18
68	65
69	47
70	63
71	29
72	37
73	46
74	68
75	44
76	39
77	28
78	6
79	35
80	38
81	22
82	48
83	40
84	81
85	74
86	50
87	67
88	67
89	18
90	64
91	34
92	42
93	32
94	63
95	30
96	58
97	68
98	25
99	46
100	48
101	55

図4-54 0点以上100点以下で採点されたある試験の結果

図4-54をもとに、次の手順でヒストグラムを作成します。

①表を作成します。ここでは、図4-54のとおりにデータを入力します。

②データを選択します。ここでは、データが入力されているA列のセルを1つアクティブにします。

③［**挿入**］タブ→［**グラフ**］グループ→［**統計グラフの挿入**］→［**ヒストグラム**］グループ→［**ヒストグラム**］を選択します。

④プロットエリアを目的に合わせたグラフにするために、横軸を調整します。はじめに、［**グラフツール**］から［**書式**］タブ→［**現在の選択範囲**］グループの［**グラフ要素**］リストで［**横項目軸**］を選択した後、［**選択対象の書式設定**］をクリックします。表示された［**軸の書式設定**］で、［**軸のオプション**］→［**ごみ箱**］→［**ごみ箱の幅**］を選択し、「10」と入力します。

⑤［**系列 "点数"**］の書式設定で枠線が描画されるよう設定し、グラフタイトルと軸ラベルを入力して完成します（図4-55）。

> **Advice**
> 一部のExcel 2016環境では、［ごみ箱］［ごみ箱の幅］などが［ビン］［ビンの幅］などと表示されることがあります。

> **Advice**
> 「ビン」（ごみ箱）の数や幅を変更すると階級幅が変化するので、分布の様子も変化します。実際にビンの数や幅を変更して、分布の形がどのように変化するか確認してみましょう。なお、Excel 2016のヒストグラム作成機能は、Excel 2013までに利用されてきた「データ分析ツール」アドインの「ヒストグラム」機能とは異なります。階級値を任意に指定した度数分布表を作成したい場合は、FREQUENCY関数を用いて度数分布を求めるとよいでしょう。

図4-55 試験結果のヒストグラム

4.5 少し高度な関数

ここでは、Excelを使用するうえで利用頻度の高い関数について、その使用方法を説明します。ここで扱う関数はどれも引数の指定の仕方が複雑ですので、注意して学習しましょう。

4.5.1 RANK.EQ／COUNTIF／SUMIF関数

■順位を付けるRANK.EQ関数

複数の数値データの中で、指定した1つの数値データの順位が何番目に位置するかを求めたい場合は、**RANK.EQ関数**を使用します（図4-56）。

RANK.EQ関数の書式は表4-10のとおりです。引数の「**数値**」には順位を調べたい数値データを1つ指定します。「**参照**」には順序付ける複数のデータをセル範囲で指定します。「**順序**」は並べる順序を表す数値を指定します。順序が0または省略された場合は降順（数値の大きい順）で順位付けを行います。順序が1の場合は昇順（数値の小さい順）で順位付けされます。

> **Advice**
> 複数の数値データに順位付けを行うような場合は、RANK.EQ関数の第2引数「参照」に指定するセル範囲を絶対参照にしておくと、式のコピーがオートフィルなどの操作で楽に行えます。

> **Advice**
> RANK.EQ関数の第3引数「順序」に0以外の数値を指定した場合は、1を指定したときと同じく昇順で順位を求めます。

表4-10　RANK.EQ関数

関数名	書式	セルへの入力例	例の説明
RANK.EQ	RANK.EQ (数値, 参照, 順序)	=RANK.EQ(A2,A2:A6,0)	セルA2からA6までの範囲で値を降順に並べたときのセルA2の値の順位を求めます

図4-56　RANK.EQ関数

■条件に合うデータを数えるCOUNTIF関数

条件に合ったデータの個数を数えたい場合は、**COUNTIF関数**を利用します。例えば、「○だけ数えたい」という場合や「50以上の数値データの個数を数えたい」という場合に使用します（図4-57）。COUNTIF関数の書式は表4-11のとおりです。引数の「**範囲**」には数えたいデータのあるセル範囲を指定します。「**検索条件**」には数えたい

データの条件を指定します。条件には、特定の数値や文字列、比較演算子を使用した条件を表す文字列、セル番地などが指定できます。

表4-11 COUNTIF関数

関数名	書式	セルへの入力例	例の説明
COUNTIF	COUNTIF (範囲, 検索条件)	=COUNTIF(A1:A5,">=50")	セルA1からA5までの範囲で50以上の値のセルの個数を求めます
		=COUNTIF(A1:A5,"○")	セルA1からA5までの範囲で「○」と入力されているセルの個数を求めます
		=COUNTIF(A1:A5,B1)	セルA1からA5までの範囲でセルB1と等しいセルの個数を求めます

図4-57 COUNTIF関数

■条件に合う数値を合計するSUMIF関数

　日々の集計の中で、ある条件に適合する場合のみ合計を計算したいという場面はよくあります。例えば、「全店舗の販売データから、ある店舗の売上金額の合計を求めたい」というような場合です（図4-58）。そのような場合に、条件を指定して合計を計算する関数として**SUMIF関数**を使用します。

　SUMIF関数の書式は表4-12のとおりです。引数の「**範囲**」は条件を検索するデータのあるセル範囲です。「**検索条件**」には検索する条件を書きます。「**合計範囲**」には合計を計算するデータのあるセル範囲を指定します。条件の書き方はCOUNTIF関数と同じです。SUMIF関数は、「**検索条件**」の条件に適合するデータを「**範囲**」で指定したセル範囲から順番に検索し、条件が合えばそのデータと同じ順番にあるデータを「**合計範囲**」で指定したセル範囲の中で検索して、それらの合計を求めます。

Advice

検索条件には、**ワイルドカード**と呼ばれる任意の1文字を表す「**?**」や任意の数の文字列を表す「**＊**」を他の文字列と組み合わせて利用することができます。例えば、「東京都〜区」（〜は任意の文字列）に当てはまる文字列を検索条件にしたい場合は、検索条件に"東京都＊区"と指定します。

Advice

SUMIF関数の第3引数「**合計範囲**」を省略した場合は、第1引数「**範囲**」で指定したセル範囲で合計します。

表4-12 SUMIF関数

関数名	書式	セルへの入力例	例の説明
SUMIF	SUMIF(範囲, 検索条件, 合計範囲)	=SUMIF(A2:A7,">=50",B2:B7)	セルA2からA7までの範囲で50以上の値のセルを検索し、セルB2からB7までの範囲内の検索したセルに対応するセルで合計を求めます
		=SUMIF(A2:A7,"○",B2:B7)	セルA2からA7までの範囲で「○」と入力されたセルを検索し、セルB2からB7までの範囲内の検索したセルに対応するセルで合計を求めます
		=SUMIF(A2:A7,C2,B2:B7)	セルA2からA7までの範囲でC2と等しい値のセルを検索し、セルB2からB7までの範囲内の検索したセルに対応するセルで合計を求めます

図4-58 SUMIF関数

> [!NOTE] 練習問題4-11
>
> 次の表は10月1日から7日までの3店舗の売上データです。まず、COUNTIF関数を使用して、セルH2からH4に売上が9万円以上の日数を店舗ごとに集計しなさい。次に、曜日ごとに3店舗の売上の合計を、SUMIF関数でセルH7からH13までの空欄に集計しなさい。最後に、RANK.EQ関数を使用して、セルI7からI13までの空欄に売上の合計の降順で各曜日に順位を付けなさい。

	A	B	C	D	E	F	G	H	I
1	データ番号	店舗名	日付	曜日	売上（円）		店舗	売上が9万円以上の日数	
2	00001	新宿店	10月1日	月	52,306		新宿店		
3	00002	新宿店	10月2日	火	107,142		品川店		
4	00003	新宿店	10月3日	水	103,715		横浜店		
5	00004	新宿店	10月4日	木	39,955				
6	00005	新宿店	10月5日	金	93,978		曜日	売上合計	順位
7	00006	新宿店	10月6日	土	40,053		月		
8	00007	新宿店	10月7日	日	123,078		火		
9	00008	品川店	10月1日	月	43,484		水		
10	00009	品川店	10月2日	火	31,255		木		
11	00010	品川店	10月3日	水	77,429		金		
12	00011	品川店	10月4日	木	54,579		土		
13	00012	品川店	10月5日	金	43,545		日		
14	00013	品川店	10月6日	土	34,416				
15	00014	品川店	10月7日	日	101,757				
16	00015	横浜店	10月1日	月	84,075				
17	00016	横浜店	10月2日	火	63,291				
18	00017	横浜店	10月3日	水	33,616				
19	00018	横浜店	10月4日	木	81,495				
20	00019	横浜店	10月5日	金	25,596				
21	00020	横浜店	10月6日	土	78,938				
22	00021	横浜店	10月7日	日	109,747				
23									

4.5.2 ROUND／ROUNDUP／ROUNDDOWN／INT 関数

　数値処理や資料作成において、概数を計算することは頻繁にあります。ここでは、数値を丸めて概数を計算する関数として、ROUND、ROUNDUP、ROUNDDOWN、およびINT関数について説明します。

　概数を計算するにはROUND／ROUNDUP／ROUNDDOWN関数を使用します。**ROUND関数**は四捨五入、**ROUNDUP関数**は切り上げ、**ROUNDDOWN関数**は切り捨てを行う関数です。各関数の書式は表4-13のとおりです。引数の「**数値**」には概算の元となる数値を指定します。「**桁数**」には数値をどの桁で概算するかを指定します。例えば、ROUND関数の場合は、「**桁数**」が0ならば小数第1位で四捨五入し、1の位までの概数を求めます。

表4-13　ROUND／ROUNDUP／ROUNDDOWN関数

関数名	書式	セルへの入力例	例の説明
ROUND	ROUND (数値, 桁数)	=ROUND(153.79,1)	小数第2位で四捨五入して153.8にします
		=ROUND(153.79,−1)	1の位を四捨五入して150にします
ROUNDUP	ROUNDUP (数値, 桁数)	=ROUNDUP(153.79,1)	小数第2位で切り上げして153.8にします
		=ROUNDUP(153.79,−1)	1の位を切り上げして160にします
ROUNDDOWN	ROUNDDOWN (数値, 桁数)	=ROUNDDOWN(153.79,1)	小数第2位で切り捨てして153.7にします
		=ROUNDDOWN(153.79,−1)	1の位を切り捨てして150にします

セルに概数を表示する場合、セルの表示形式を変更する方法でも、関数を利用して概数にする方法でも、同じように見える場合があります。しかし、表示形式を変更した場合はセル内のデータは加工されず元のデータのままであるのに対して、関数を利用して概数にした場合はその概数がセルの値になります。したがって、セルの表示形式を変えた場合と、関数を使って概算した場合では、そのセルを参照している別のセルの結果が変化する可能性があるため注意が必要です（図4-59）。

図4-59　ROUND／ROUNDUP／ROUNDDOWN／INT関数と書式設定

INT関数は数値を整数に変換する関数です。INT関数の書式は表4-14のとおりです。引数の「**数値**」を指定すると、INT関数はその数値以下の最大の整数値を求めます。

表4-14　INT関数

関数名	書式	セルへの入力例	列の説明
INT	INT(数値)	= INT (153.24)	整数値を153に変換します
		= INT (−153.24)	−153.24を超えない最大の整数値である−154に変換します

ROUNDDOWN関数で「**桁数**」を0に指定すると整数値に概算します。これはINT関数に似ていますが、引数の「**数値**」に負の数を指定した場合は処理が異なります。ROUNDDOWN関数は、小数点以下を切り捨てますが、INT関数はその数値以下で一番近い整数に変換します（図4-59右下）。したがって、INT関数で負の数を利用する場合に

は注意が必要です。

練習問題4-12

次の表は、あるクラスの成績表です。この表から各教科の平均点を次のようにして求めます。9行目はAVERAGE関数で求めなさい。また、10行目はROUND関数、11行目はROUNDUP関数、12行目はROUNDDOWN関数を使用して9行目の平均から概数を求めなさい。ただし、9行目は、セルの書式設定を変更して小数第1位まで表示し、10行目から12行目までは、それぞれの関数を使って小数第2位を丸めて小数第1位まで表示しなさい。

	A	B	C	D	E	F
1	学籍番号	文学	数学	経済学	社会学	物理学
2	20160001	66	72	56	40	50
3	20160002	82	88	34	94	42
4	20160003	62	56	46	64	64
5	20160004	84	100	78	82	42
6	20160005	52	70	52	98	58
7	20160006	64	76	72	46	32
8	20160007	96	54	74	48	98
9	平均					
10	平均（四捨五入）					
11	平均（切り上げ）					
12	平均（切り捨て）					
13						

4.5.3　IF関数の入れ子

　IF関数は、1個の条件についてその評価が真の場合と偽の場合で処理を切り替える関数でした。しかし、条件が複数ある場合には、その処理に合わせて複数のIF関数を組み合わせて使用する必要があります。ここでは、複数のIF関数を入れ子にして、複数の条件を処理する式の書き方について説明します。

　条件は論理式を使って書くことはすでに学習しました。IF関数は1個の論理式を評価して、真の場合と偽の場合で異なる処理を行う関数です。しかし、条件が1個の論理式で書けない場合があります。例えば、成績評価において、セルA2の点数が90点以上で「A」、70点以上90点未満で「B」、70点未満で「C」というような判定をする場合です。評価が3通りですので、1つのIF関数では書くことができません。そこで、図4-60のようなフローチャートの流れで処理することを考えます。このフローチャートには条件を表すひし形の部分が2か所あるので、図にあるように2個のIF関数を組み合わせた式が必要になります。

　このように、関数の中にさらに関数を書くことを「**関数の入れ子**」と言います。IF関数の引数の「**真の場合**」と「**偽の場合**」の部分に、さらにIF関数を書くことで、より深い条件判断ができます。

●フローチャート　　　　　　　　　　●フローチャートに対応する式

図4-60　複数の条件が入れ子となっているフローチャートと対応する式

4.5.4　AND／OR関数

AND関数とOR関数を使うと、論理式を複数組み合わせてより複雑な条件を表す論理式を作ることができます。AND関数とOR関数の書式は表4-15のとおりです。

AND関数は論理積を求める関数で、引数で指定した複数の論理式がすべて真の場合にTRUEを返します。つまり、AND関数は、複数の条件を使って真となる条件の範囲を絞り込むときに利用します。

一方、**OR関数**は論理和を求める関数で、引数で指定した複数の論理式が1つでも真の場合はTRUEを返します。つまり、OR関数は条件を増やすことで真となる条件の範囲を広げるときに利用します。

例として、「セルA1が50より大きく80未満ならば真」となるような論理式は、「セルA1が50より大きい」と「セルA1が80未満」の2つの論理式で真となる範囲を絞り込んでいますので、AND関数を使って「AND(A1>50,A1<80)」と書くことができます（図4-61左）。また、「セルA1が50未満または80より大きいならば真」という論理式は、「セルA1が50未満」と「セルA1が80より大きい」という2つの論理式を満たすように真となる範囲を広げていますから、OR関数を使って「OR(A1<50,A1>80)」と書くことができます（図4-61右）。

> **Advice**
> AND関数とOR関数はIF関数の論理式に使用できます。

表4-15　AND／OR関数

関数名	書式	セルへの入力例	例の説明
AND	AND(論理式1, 論理式2, …)	=AND(A1>50,A1<80)	セルA1が50より大きく80未満ならばTRUE
OR	OR(論理式1, 論理式2, …)	=OR(A1<50,A1>80)	セルA1が50未満または80より大きいならばTRUE

図4-61 AND／OR関数

練習問題4-13

次の表は練習問題4-12と同じ成績表のデータです。次の手順で空欄を埋めなさい。

(1)「判定1」のG列には、各学生に対してIF関数の入れ子を使って、数学と経済学が両方とも教科の平均点以上ならば「○」と判定しなさい。

(2)「判定2」のH列には、各学生に対してIF関数とAND関数を使って、文学が80点以上かつ社会学が70点以上なら「合格」と判定しなさい。

(3)「判定3」のI列には、各学生に対してIF関数とOR関数を使って、経済学が50点以下または物理学が50点以下なら「×」と判定しなさい。

	A	B	C	D	E	F	G	H	I	J
1	学籍番号	文学	数学	経済学	社会学	物理学	判定1	判定2	判定3	
2	20130001	66	72	56	40	50				
3	20130002	82	88	34	94	42				
4	20130003	62	56	46	64	64				
5	20130004	84	100	78	82	42				
6	20130005	52	70	52	98	58				
7	20130006	64	76	72	46	32				
8	20130007	96	54	74	48	98				
9										

4.5.5 VLOOKUP関数

すでにある表から情報を検索したいことはよくあります。例えば、会員情報の表があるときに、会員番号から会員名を調べたいといった場合です。このような場合は、VLOOKUP関数を利用します。

VLOOKUP関数は表から情報を得るので、あらかじめ情報を整理して登録した表を用意する必要があります。この表は次のようにして作成します。まず、列ごとに登録するデータの種類を決めます。このとき、一番左の第1列目は検索するときのキーワードとなるデータとします。次に、列の種類の順番に従って、各行に関連する情報を入力していきます。例えば、会員情報の入力された表から、会員番号を使って会員

名などの情報を引き出す場面を考えます。このとき、第1列を会員番号、第2列を会員名、第3列を電話番号と決めます。次に、この列の順番で、1人分ずつの会員情報を行ごとに入力して表を作ります。図4-62は、そのようにして作成した表の例です。

　表が準備できれば、VLOOKUP関数を利用して表から情報を検索することができます。VLOOKUP関数の書式は表4-16のとおりです。「**検索値**」には表から検索したいデータの値を入力します。「**範囲**」には検索する表の書いてあるセル範囲を入力します。このセル範囲の一番左の列が検索値を検索する範囲になります。「**列番号**」には検索した結果として表示したい列番号を入力します。「**検索方法**」には「**TRUE**」と「**FALSE**」が指定できます。TRUEを指定した場合は、検索値以下で最大の値を検索します。したがって、TRUEを使用する場合は範囲の第1列は昇順に並んでいる必要があります。一方、FALSEを指定した場合は、検索値と一致するときのみ値を表示します。VLOOKUP関数が値を検索できなかった場合は「**#N/A**」（存在しない）というエラーが表示されます。

　例として、図4-62の会員情報の表を使って、セルB10の会員番号の値から会員名を検索するには、「=VLOOKUP(B10,A3:C7,2,FALSE)」と書きます。会員名は表の2列目ですので「**列番号**」は2とします。また、「**検索方法**」は完全に一致する必要があるためFALSEとします。

表4-16　VLOOKUP関数

関数名	書式	セルへの入力例	例の説明
VLOOKUP	VLOOKUP (検索値, 範囲, 列番号, 検索方法)	=VLOOKUP(B10, A3:C7,2,FALSE)	セルB10の値をA3からC7までの範囲の一番左の列（A列）内から検索し、完全に一致する値を発見した場合は範囲の2列目から対応するセルの値を取得して表示します

図4-62　VLOOKUP関数

VLOOKUP関数と同じように表から情報を検索する関数としてHLOOKUP関数があります。VLOOKUP関数が縦方向に検索するのに対して、HLOOKUP関数は範囲の一番上の行を左から右に横方向で検索を行います。したがって、検索する表が横方向に伸びる表の場合はHLOOKUP関数を利用します。

練習問題4-14（VLOOKUP関数）

次の表のA列には点数が入力されています。A列の各点数に対して、B列ではVLOOKUP関数を使って、「90点以上ならA、80点以上90点未満ならB、70点以上80点未満ならC、60点以上70点未満ならD、60点未満ならX」という条件で成績を評価しなさい。ただし、VLOOKUP関数で使用する「範囲」はD2からE6までのセル範囲とし、「検索方法」はTRUEとしなさい。

	A	B	C	D	E
1	点数	評価		点数	評価
2	81			0	X
3	92			60	D
4	75			70	C
5	43			80	B
6	56			90	A
7	63				

Advice

練習問題4-14においてVLOOKUP関数の「検索方法」をTRUE、「検索値」をセルA2（81点）とし、「範囲」をD2:E6と指定した場合、81を超えない最大値である80の行が検索されます。このとき、「列番号」が2ならば評価「B」が得られます。

4.5.6 MATCH／INDEX 関数

VLOOKUP関数は1つの検索値で表から情報を検索する関数ですが、2つ以上のキーワードを使って表から情報を検索したい場合もあります。例えば、運賃表から「乗車駅」と「降車駅」で運賃を探す場合や、荷物の郵送において「郵送方法」と「大きさ」で料金を調べる場合などです。ここでは、MATCH／INDEX関数を利用して2つのキーワードで表から情報を検索する方法を説明します。

MATCH関数とINDEX関数の書式は表4-17のとおりです。

表4-17　MATCH関数とINDEX関数

関数名	書式	セルへの入力例	例の説明
MATCH	MATCH(検査値, 検査範囲, 照合の種類)	=MATCH("東京", A1:A4,0)	A1からA4までのセル範囲の中で「東京」はA1から数えて何番目か求めます
INDEX	INDEX(配列, 行番号, 列番号)	=INDEX(A1:D5,2,3)	A1からD5までのセル範囲の中で2行3列目のセルの値を求めます（つまり、セルC2の値を求めます）

MATCH関数は、1行または1列のセル範囲の中から指定したデータが何番目にあるかを求める関数です。「**検査値**」は検索したい値を指定します。「**検査範囲**」は検査値を探すセル範囲を指定します。「**照合の種類**」は0、1、−1のいずれかを指定します。照合の種類に「0」を

指定した場合は、検査値と完全に一致した値がはじめて現れるセルが何番目かを求めます。「1」を指定した場合は検査値以下の最大の値がセル範囲の先頭から数えて何番目かを求めます。照合の種類で「1」を使用する場合は、セル範囲のデータは昇順に並んでいる必要があります。「−1」を指定した場合は検査値以上の最小の値がセル範囲の先頭から数えて何番目かを求めます。照合の種類で「−1」を使用する場合は、セル範囲のデータは降順に並んでいる必要があります。

INDEX関数は、セル範囲と位置を指定してデータを求める関数です。「配列」はデータを探すセル範囲を指定します。「行番号」はデータのある行の位置がセル範囲内で上から何番目かを指定します。「列番号」はデータのある列の位置をセル範囲内で左から何番目かを指定します。

MATCH関数とINDEX関数を使用する例として、図4-63のような配達料金表を考えます。配達方法には「通常」と「速達」があり、また、サイズは「0（0cm以上50cm未満）」、「50（50cm以上70cm未満）」、「70（70cm以上100cm未満）」、「100（100cm以上150cm未満）」、「150（150cm以上）」の5段階から選択が可能であるとします。例えば、「通常」の配達でサイズが「72cm」のときは800円になります。この配達料金表から配達方法とサイズを指定して料金を検索する表をINDEX関数とMATCH関数で作成します。

図4-63　MATCH関数とINDEX関数

まず、MATCH関数を使用して、セルC9に配達方法を指定するとセルD9にその配達方法の料金のある行番号を求めることを考えます。配達料金表の配達方法が書いてある行見出しは「B4:B5」のセル範囲ですので、セルD9に「=MATCH(C9,B4:B5,0)」と入力します。次に、MATCH関数を使用して、セルC10にサイズを指定するとセルD10にそのサイズの料金のある列番号を求めることを考えます。配達料金表のサイズが書いてある列見出しは「C3:G3」のセル範囲です。また、サイズは「0,50,70,…,150」と昇順に並んでおり、そのサイズを超えない最大値が料金の列ですので参照方法に「1」を指定します。つまり、セルD10に「=MATCH(C10,C3:G3,1)」と入力します。

　ここまでの過程で、MATCH関数を使って料金表から料金の書いてある行番号と列番号を求めることができました。この行番号と列番号を使って、INDEX関数で料金をセルD14に求めたいと考えます。料金の書いてあるセル範囲は「C4:G5」、行番号はセルD9、列番号はセルD10にありますので、セルD14に「=INDEX(C4:G5,D9,D10)」と入力すると配達料金表から料金が検索され表示されます。セルC9やC10の配達方法やサイズを変更すると、料金もそれに応じて変更されます。

4.6 データベース

複数のデータを整理して管理する機能を**データベース**と言います。Excelはテーブルと呼ばれる表を使って簡易的なデータベース機能を提供しています。ここでは、Excelのデータベース機能を使用する上での基本的な操作方法について説明します。

4.6.1 テーブル

データの種類を表す**フィールド**と関連するデータのまとまりを表す**レコード**で構成され、複数のデータを整理して管理できる表のことを**テーブル**と言います。ここでは、テーブルを作成する方法と基本的な操作について説明します。

■テーブルの作成

すでに作成されている表をテーブルに変換するには、表の任意のセルを選択して、[**挿入**]タブ→[**テーブル**]グループ→[**テーブル**]を選択します。表示される[**テーブルの作成**]ダイアログボックスでは、自動的にテーブルに変換する範囲が入力されているので間違いがないか確認し、[**先頭行をテーブルの見出しとして使用する**]にチェックを入れ、[OK]をクリックします(図4-64)。

テーブルから標準の範囲に戻すには、テーブルの任意のセルを選択し、コンテキストツールの[**テーブルツール**]→[**デザイン**]タブ→[**ツール**]グループ→[**範囲に変換**]を選択します。表示される[**テーブルを標準の範囲に変換しますか?**]の確認ダイアログボックスで[**はい**]を選択します(図4-65)。

Advice

別の手順でもテーブルを作成することができます。[**ホーム**]タブ→[**スタイル**]グループ→[**テーブルとして書式設定**]からスタイルを選択し、[**テーブルとして書式設定**]ダイアログボックスを表示します。テーブルに変換するデータ範囲を指定し、[**先頭行をテーブルの見出しとして使用する**]にチェックを入れ、[OK]をクリックすると指定したデータ範囲がテーブルに変換されます。

Advice

テーブルから標準の範囲に戻したとき、テーブルの書式設定は残ります。書式設定をクリアするには、クリアしたいセル範囲を選択し、[**ホーム**]タブ→[**編集**]グループ→[**クリア**]から[**書式のクリア**]を選択します。

●データが入力された表

図4-64　テーブルの作成

図4-65 テーブルから標準の範囲へ戻す

■テーブルの操作

　テーブルに新たな行を追加する場合は、一番下の行の下にデータを入力します。自動的に入力した行がテーブルに含まれます。同様にして、一番右の列の右にデータを入力するとテーブルの新しい列になります。リボンから行う場合は、[**ホーム**]タブ→[**セル**]グループ→[**挿入**]から行や列を挿入できます（図4-66）。

①●テーブル内の行を挿入したい位置にあるセルを選択します
②●[下に行を挿入]を選択します

③●新しい行が下に挿入されます

図4-66　テーブルへの行の挿入

　テーブルの行や列を削除する場合は、[**ホーム**]タブ→[**セル**]グループ→[**削除**]から操作できます（図4-67）。

　テーブルには集計行を追加することができます。コンテキストツールの[**テーブルツール**]→[**デザイン**]タブ→[**テーブルスタイルのオプション**]グループ→[**集計行**]にチェックを入れると、テーブルの一番下に集計行が追加されます。集計行の各セルの[▼]を選択し、メニューから「合計」などの集計する項目を選ぶことで、現在表示されているテーブルのその列の集計が行われます（図4-68）。集計で利用できる項目には、「平均、データの個数、数値の個数、最大値、最小値、合計、標本標準偏差、標本分散」などがあります。また、[**集計行**]のチェックを外すと集計行が表示されなくなります。

図4-67　テーブルから行を削除

図4-68　テーブルへの集計行の追加

4.6.2 並べ替え

テーブルでは、ある列を基準に行を並べ替える（ソートする）ことができます。並べ替えの手順は、基準となる列見出しの［▼］を選択し、リストから［昇順］もしくは［降順］を選びます。選んだ方法に従って、テーブルの行が並べ替えられます（図4-69）。

図4-69　並べ替え

> **Advice**
>
> テーブルを使用しないで並べ替えを行うには、並べ替えを行いたい表の任意の1つのセルをアクティブセルにし、［ホーム］タブ→［編集］グループ→［並べ替えとフィルター］から［昇順］もしくは［降順］を選びます。
>
> また、表の任意の1つのセルをアクティブセルにし、［ホーム］タブ→［編集］グループ→［並べ替えとフィルター］→［フィルター］を選択すると、1行目が列見出しに設定され［▼］ボタンが設置されます。［▼］ボタンの操作方法は、テーブルと同じです。なお、もう一度［ホーム］タブ→［編集］グループ→［並べ替えとフィルター］→［フィルター］を選択すると、［▼］ボタンは削除されます。

■コラム■　文字列の並べ替えルール

　文字列の並べ替えの順番は特別なルールに基づきます。アルファベット、ひらがな、カタカナは辞書順に並びます。特にひらがなとカタカナは順番を区別しません。

　漢字の場合は、セルにキーボードから入力すると漢字変換前の入力データが「ふりがな」として記憶されており、標準ではこの「ふりがな」を使って辞書順に並べ替えられます。ただし、セルに貼り付け操作などでデータを入力すると「ふりがな」は設定されません。このような場合は、文字の管理番号を表す文字コードの数値順に並べ替えられます。

　したがって、注意しておくべきなのは、名前や住所などの漢字データの入った列を並べ替える場合は、標準では表示されない「ふりがな」が並べ替えの順番に影響を与えるということです。例えば、Excelでセルに入力したデータと他のソフトウェアから貼り付けたデータが混在する列を並べ替えれば、「ふりがな」がある文字列とない文字列が混在するため意図しない並べ替え結果になる場合があります。また、難しい漢字を手書き入力でセルに入力した場合や、本来の読み方とは別の読み方で漢字変換したときにその読み方で「ふりがな」が設定されてしまったデータを含むような列を並べ替える場合は、並べ替えの結果が自分の想定から外れてしまうことがあります（図4-70）。

　このように、漢字を含む文字列の並べ替えルールは複雑ですので、意図しない結果になる可能性を常に考慮しておくことが必要です。できることならば、並べ替えをすることを想定して別の列に漢字の「読み仮名」を入力し、その列で並べ替えるようにするなどの工夫があると、よりデータベース機能を便利に使えるようになります。

図4-70　漢字と並べ替え

4.6.3 抽出

テーブルをある条件を満たす一部の行だけの小さなテーブル表示にすることができます。このような操作を抽出と言います。テーブルで抽出を行う手順は次のとおりです。まず、抽出の基準となる列の列見出しの［▼］を選択します。表示されるメニューから、列のデータが数値データならば［**数値フィルター**］を、列のデータが文字列ならば［**テキストフィルター**］を選択し、さらに表示されたメニューから抽出に使用したい条件を選びます（図4-71）。表示される［**オートフィルターオプション**］ダイアログボックスで抽出条件を指定して［**OK**］をクリックすると、条件を満たすテーブルに表示が切り替わります。また、入力されているデータから抽出したいデータを選択したい場合は、列見出しの［▼］を選択し、メニューから表示したいデータのみチェックを入れます。

> **Advice**
>
> テーブルを使用しないで抽出を行うには、抽出操作を行いたい表の任意の1つのセルをアクティブセルにし、［**ホーム**］タブ→［**編集**］グループ→［**並べ替えとフィルター**］→［**フィルター**］を選択します。1行目が列見出しに設定され［▼］ボタンが設置されます。［▼］ボタンの操作方法は、テーブルと同じです。なお、もう一度［**ホーム**］タブ→［**編集**］グループ→［**並べ替えとフィルター**］→［**フィルター**］を選択すると、［▼］ボタンは削除されます。

図4-71 抽出

4.7 ピボットテーブル

　データベース機能で使用したテーブルは、データを整理して管理することを目的としていました。このようなテーブルの一種で、データの種類を絞って情報分析をするための表がピボットテーブルです。ピボットテーブルを使用すると、数式を利用することなくマウス操作で簡単に様々な視点からデータを分析することができます。

　ピボットテーブルを作成するためには、表の任意の1つのセルをアクティブセルにして、[**挿入**]タブ→[**テーブル**]グループ→[**ピボットテーブル**]を選択します。表示される[**ピボットテーブルの作成**]ダイアログボックスの[**ピボットテーブルレポートを配置する場所を選択してください**]で[**新規ワークシート**]を選択し[**OK**]をクリックします（図4-72）。新しいワークシートに空のピボットテーブルが配置されます。ここで、ワークシートの右に表示される[**ピボットテーブルのフィールド**]（フィールドリスト）で、レポートに追加するフィールド名を[**列**]や[**行**]のボックスにドラッグすると、フィールド名がピボットテーブルの列や行に設定されます。また、[**値**]ボックスにフィールド名をドラッグすると、そのフィールド名で集計が行われます。[**値**]ボックスに設定したフィールドを選択して表示されるメニューから[**値フィールドの設定**]を選ぶと、表示されるダイアログボックスから集計に使用する計算方法の種類を選択できます。

図4-72 ピボットテーブル

練習問題4-15

次の表から次の手順に従ってピボットテーブルを作成しなさい。

(1) 行を店舗名、列を日付、値を販売個数、フィルターを商品名とするピボットテーブルを作成します。
(2) ピボットテーブルのフィルター欄の商品名をアップルパイに設定し、アップルパイの店舗と日付ごとの販売個数を集計します。

	A	B	C	D	E	F	G
1	データ番号	店舗名	日付	商品名	単価	販売個数	
2	1	新宿店	10月1日	食パン	150	16	
3	2	新宿店	10月1日	アップルパイ	210	17	
4	3	新宿店	10月1日	ショートケーキ	380	19	
5	4	新宿店	10月2日	食パン	150	4	
6	5	新宿店	10月2日	アップルパイ	210	18	
7	6	新宿店	10月2日	ショートケーキ	380	12	
8	7	品川店	10月1日	食パン	150	6	
9	8	品川店	10月1日	アップルパイ	210	18	
10	9	品川店	10月1日	ショートケーキ	380	5	
11	10	品川店	10月2日	食パン	150	12	
12	11	品川店	10月2日	アップルパイ	210	5	
13	12	品川店	10月2日	ショートケーキ	380	8	
14	13	横浜店	10月1日	食パン	150	15	
15	14	横浜店	10月1日	アップルパイ	210	4	
16	15	横浜店	10月1日	ショートケーキ	380	6	
17	16	横浜店	10月2日	食パン	150	11	
18	17	横浜店	10月2日	アップルパイ	210	18	
19	18	横浜店	10月2日	ショートケーキ	380	9	
20							
21							

4.7 ピボットテーブル

4.8 知っていると便利な機能・関数

4.8.1 他のソフトウェアとの連携

ここでは、Excelで作成した表やグラフをWordやPowerPointなどの他のソフトウェアで利用する方法について説明します（図4-73）。

■コピーと貼り付け

Excelでセル範囲を選択しコピー操作をした後、WordやPowerPointで貼り付け操作を行うと、WordやPowerPointの表に変換して挿入されます。比較的簡単に操作できますが、Excelのワークシートとは別のものに変換されますので注意が必要です。WordやPowerPointに貼り付けた後は、そのドキュメントに合うように表のサイズやフォントサイズなどを調整しましょう。また、PowerPointに貼り付ける場合は、PowerPointの［ホーム］タブ→［クリップボード］グループ→［貼り付け］の［▼］→［元の書式を保持］を選ぶと、通常の貼り付けよりはExcelの状態をある程度保って貼り付けられます。

■オブジェクトとしての貼り付け（埋め込み）

WordやPowerPointで［形式を選択して貼り付け］を選択し、［Microsoft Excelワークシートオブジェクト］を選択した場合、Excelのブックがそのまま埋め込まれます。貼り付けたオブジェクトは、ダブルクリックすることで編集できるようになり、Wordであってもリボンが Excelと同じ状態になります。編集を終了する場合は余白などのオブジェクト以外の場所をクリックします。

■オブジェクトのリンク貼り付け

WordやPowerPointで［形式を選択して貼り付け］を選択し、［Microsoft Excelワークシートオブジェクト］を選択した場合に［リンク貼り付け］を選択することで、Excelファイルにリンクした状態でデータが貼り付けられます。

この形式で貼り付けた場合、Excelのファイルを変更すれば自動的に貼り付け先にも変更結果が反映されますが、ファイルを削除したり保存場所を移動した場合などには貼り付け先のオブジェクトが正しく表示できなくなることもあります。

Advice

Wordなどへグラフを貼り付ける場合は、［形式を選択して貼り付け］を選ぶと［Microsoft Excelグラフオブジェクト］と［Microsoft Officeグラフィックオブジェクト］を選択できるようになります。［Microsoft Excelグラフオブジェクト］はExcelで編集できるオブジェクトとして貼り付けられます。一方、［Microsoft Officeグラフィックオブジェクト］は貼り付けたソフトウェアで編集できるオブジェクトとして貼り付けられます。

Advice

同じブックをオブジェクトとして複数回貼り付けた場合は、別々のブックとして扱われます。したがって、更新する際は個別に編集が必要になります。また、ファイルサイズも大きくなるので注意しましょう。

Attention

オブジェクトとしての貼り付けた場合、貼り付け先には選択したセル範囲などが表示されますが、実際にはブックの情報すべてがコピーされています。したがって、通常の貼り付け操作よりファイルサイズが大きくなることがあります。また、表示されていない部分の情報も貼り付いているため、ファイルを公開する場合は個人情報などの非公開にすべき情報が含まれないように注意しましょう。

図4-73　WordへExcelデータの貼り付け

■ビットマップ貼り付け

　WordやPowerPointで［**形式を選択して貼り付け**］を選択し［**ビットマップ**］を選択した場合は、画像として貼り付けることができます。

表を修正されたくない場合は有効ですが、ファイルサイズが大きくなる可能性があります。

4.8.2 Excelの貼り付け操作

Excel内ではセルの貼り付け操作において、様々な形式を選択して貼り付けることができます。セルを選択して、［**ホーム**］→［**クリップボード**］グループ→［**コピー**］または［**切り取り**］を選択します。次に、貼り付けたいセルをアクティブセルにして、［**ホーム**］→［**クリップボード**］グループ→［**貼り付け**］の［▼］から使用したいアイコンを選びます（図4-74）。ここで、［**値**］を選ぶと数式ではなくセルに表示されている値の貼り付けになります。また、［**書式設定**］を選べば書式設定のみ貼り付けることができます。

図4-74　様々な貼り付け方法

4.8.3 日付関数

■日付の書式設定

Excelでは、日付と時刻を**シリアル値**という連続する実数値で表しています。Excelは、このシリアル値を日付や時刻に関する様々な書式を使ってセルに表示しています。例えば、「12月1日」と「12/1」は同じシリアル値を異なる表示形式でセルに表示したものです。この表示形式は、セルの書式設定で変更できます。日付と時刻の表示形式は、様々な形式があり、「年月日」をすべて表示したり、「月日」だけにして簡潔に表示するなどの切り替えが可能です。

■日付を使った計算

　日付と時刻を表すシリアル値は、表示形式を「標準」に切り替えると表示できます。この値は、1900年1月1日を基準に経過した日数を表しています。具体的には、1900年1月1日が1となります。時間は、1日に対する割合を表す小数を使って表現します。つまり、時間は0より大きく1未満の小数になります。例えば、12時は12÷24＝0.5で表されます。

　このように日付と時刻は実数値で表現されているので、加算や減算といった計算ができます。図4-75は、日付と時刻を使った計算の例です。注意としては、この実数値は負の値になるような計算はできません。また、24時を超えた場合は表示形式の工夫が必要です。

図4-75　日付とシリアル値

■日付に関連する関数

　日付を求める関数として、ここではTODAY関数、NOW関数、DATE関数について紹介します。各関数の書式は表4-18のとおりです。

　TODAY関数はその日を、**NOW関数**はその日と時刻を求めます。これらの関数は、設定したとき、もしくはファイルを開いたときに更新されます。また、F9 を押したときも更新されます。

　DATE関数は、年・月・日の3つの数値から日付を表すシリアル値を求めます。年には1900以上9999以下の数値を指定しましょう。

表4-18 日付に関連する関数

関数名	書式	セルへの入力例	例の説明
TODAY	TODAY()	=TODAY()	現在の日付を表示します
NOW	NOW()	=NOW()	現在の日付と時刻を表示します
DATE	DATE(年, 月, 日)	=DATE(2016,10,1)	2016年10月1日の日付（シリアル値）を求めます

練習問題4-16

次の表は、あるスポーツ施設の利用時間表です。すでに、セルA1に年、セルD1に月が入力されています。また、セルA4からA10には日付が入力されています。ここで、次の手順に従って、表を完成させなさい。

（1）セルB4からB10には曜日が入ります。DATE関数を使って年・月・日から日付を計算し、表示形式をユーザ定義で「aaa」に設定して曜日だけ表示させます。

（2）セルE4からE10には利用時間を計算します。終了時間から開始時間を引いて計算します。

（3）セルB12には利用時間の合計を計算します。

（4）セルB13には、利用料金を計算します。このスポーツ施設は300円で30分間利用できます。

●この部分のセルの書式設定として[ユーザー定義]で種類に「aaa」と入力すると、その日付の曜日のみが表示されます

Advice

日付が入力されたセルの書式設定で［ユーザー定義］の［種類］にキーボードから「aaa」、「aaaa」、「ddd」、「dddd」と入力すると「月」、「月曜日」、「Mon」、「Monday」のような表示になります。

4.8.4 大きな表の印刷

大きな表の印刷やページを意識した編集をしたい場合は、[**表示**] タブ→[**ブックの表示**] グループ→[**改ページプレビュー**] を選択します。ワークシートの表示が切り替わり、ページ番号が背景に表示され、改ページの位置が破線で表示されます。

改ページの位置を変更するには、「**改ページ**」を挿入する必要があります。「改ページ」を挿入するには破線をマウスでドラッグして移動します（図4-76）。「改ページ」が挿入されると改ページの位置が実線で表示され、ページに収まらない大きさの場合は自動的に印刷倍率が縮小されます。また、セルを選択して [**ページレイアウト**] タブ→[**ページの設定**] グループ→[**改ページ**]→[**改ページの挿入**] を選択すると、そのセルの左の列と上の行に改ページが挿入されます。

改ページを削除するには、実線の右もしくは下のページの左上のセルを選択し、[**ページレイアウト**] タブ→[**ページの設定**] グループ→[**改ページ**]→[**改ページの解除**] を選択します。すべての [**改ページ**] を削除したい場合は、[**ページレイアウト**] タブ→[**ページの設定**] グループ→[**改ページ**]→[**すべての改ページの解除**] を選びます。

その他の詳細な設定は、[**ページレイアウト**] タブのリボンから設定できます。

●青い実線や破線をマウスでドラッグすることで改ページの位置を変更できます

図4-76　改ページプレビューとページの調整

4.8.5　ヘルプの使い方

新しい機能を調べたい場合は、[**操作アシスト**] 機能を利用すると便利です（図4-77）。[**操作アシスト**] に調べたいキーワードを入力し、表示されたプルダウンメニューから [**"入力したキーワード"のヘルプを参照**] を選ぶことで、そのキーワードに関する [**Excel 2016ヘルプ**] ウィンドウを開くことができます。このウィンドウには、キーワードに関連するヘルプの検索結果が表示されます。表示されたリンクを選択することで、キーワードに関連するExcelの操作方法などのサポート情報を見ることができます。

図4-77　Excelヘルプ

第5章

Microsoft PowerPoint

5.1 プレゼンテーション
■聞き手に理解してもらうための留意点

5.2 PowerPoint
■画面の機能と名称

5.3 スライド作成
■スライドの挿入・削除、スライドの種類、スライドへの文字入力・図の挿入

5.4 スライドの組み立て
■発表内容・順序の検討

5.5 スライドを仕上げる
■スライドの印象変化、読みやすさの確保、スライド番号の表示、聞き手の注意を引く工夫

5.6 スライド提示
■内容・見栄えの確認と発表練習、スライドショーで表示しないスライド、聞き手の立場からの発表内容とスライドの順番の検討

5.7 印　刷
■練習用の資料作成、発表時の配布資料作成

5.1 プレゼンテーション

この章では、プレゼンテーションソフトMicrosoft PowerPoint 2016（以下、PowerPoint）を使い、(1) **技術面：スライド作成の基本操作**と (2) **内容面：自分の考えを的確にまとめ、伝えること**を学びます。

5.1.1 プレゼンテーションの基礎

「プレゼンテーション」という言葉を最初に使ったのは広告業界であると言われていますが、近年では広告業界に限らず、一般的に使われる用語になりました。『コンサイスカタカナ語辞典』（三省堂編修所、2010）では、1番目に次のように説明されています。

> ①提示・説明．発表．自分の考えを，他者の理解しやすいように，目に見える形で示すこと．特に広告代理業が広告主に対して行う広告計画の提示や説明活動などについていう．

プレゼンテーションの定義は、上記に限らず数多くありますが、今後の学生生活においてはゼミでの発表や卒業研究、また、大学卒業後の社会人生活においては、社内での企画やアイデアの発表など、様々な場面でプレゼンテーションの機会があります。

5.1.2 プレゼンテーションを行う上での留意点
―スライドを作成する前に―

プレゼンテーションを行う際に忘れてはならないのが、聞き手の存在です。プレゼンテーションの場には、必ず複数の聞き手が存在します。プレゼンテーションの第一の目的は、**聞き手に自分の発表内容を理解してもらうこと**です。また、場合によっては聞き手に理解、同意をしてもらった上で、自分の意図した方向に聞き手の考えや行動を変容（姿や形が変わること）させていくという、より積極的な要素を含むこともあります。したがって、プレゼンテーションとは、通常のコミュニケーションよりも積極的で言わば「説得」に近いものとなります。

この章で学ぶ「スライド」という視覚的な資料を作成する際にも、プレゼンテーションの対象である聞き手に理解してもらうことを念頭に置きましょう。プレゼンテーションを行うからには、自分の考えを

聞き手に伝えることが大切です。そのためには、**聞き手が内容を理解しやすいよう、伝える内容をうまくまとめておくことが重要**です。ここがレポートとプレゼンテーションで最も違いが出てくる部分と言えます。なぜならば、レポートは読み手がじっくりと自分のペースで読み進め、吟味し、必要があれば戻って読み直すことができますが、プレゼンテーションでは、決められた時間内に話し手の説明とスライドが一方向に流れていくためです。聞き手にとって納得できない箇所が出てくれば、聞き手はそこでつまずいてしまい、その先の説明についてきてくれる可能性は低くなります。もし、話し手が内容をきちんと整理していなければ、聞き手が内容を聞きながら整理していかなくてはなりません。そのため、理解するのに苦労し、聞き手がプレゼンテーション内容に納得して、何かしらの行動に移る可能性は低くなります。したがって、スライドはやみくもに作成せず、**聞き手が一つひとつのスライドを見ながら納得して、スムーズに話が聞けるように準備**する必要があります。

　さて、次の節では、これらの留意点を踏まえて、プレゼンテーションソフトPowerPointの技術面：スライド作成の基本操作を学びます。

図5-1　聞き手に理解してもらうための留意点

5.2 PowerPoint

5.2.1 PowerPoint でできること

プレゼンテーション用ソフトウェアであるPowerPointには、大まかに3つの機能があります。①プレゼンテーションを行う際に提示するスライドの作成、②スライドの提示、③印刷です。

PowerPointによるプレゼンテーションは、提示するスライドを電子的な紙芝居と考えることができますが、紙ではなく、電子媒体であり、コンピュータを使って提示するため、スライドには文字だけではなく、静止画（グラフや写真、Wordで学んだオートシェイプを使って作成する図形）、音声や動画（これらを**コンテンツ**と言います）を貼り付けてプレゼンテーション中に聞き手に見せることが可能です。

5.2.2 PowerPoint の起動

PowerPointを起動するには、すでに学んだWordやExcelと同様にスタートメニューの一覧から［**PowerPoint 2016**］を選択します。

新規にPowerPointを起動すると図5-2のような画面が表示されます。この画面では、「**テンプレート**」と呼ばれる様々なデザインのひな形が表示されます。ここで、あらかじめデザインテーマを選択して作成を始めることもできますが、デザインテーマは作成した後に選択することもできます。次項では、［**新しいプレゼンテーション**］という最もシンプルなデザインを選択した画面を用いて説明していきます。

Advice

図5-3の画面に進んだ後で新規にプレゼンテーションを作成したい場合は、 ファイル （［ファイル］タブ）をクリックしてBackstageビューを表示し、［**新規**］をクリックし、テンプレートの一覧から［**新しいプレゼンテーション**］をクリックします。

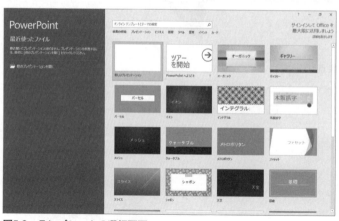

図5-2　テンプレートの選択画面

5.2.3 PowerPointの画面構成

［新しいプレゼンテーション］を選択すると、図5-3上段に示したウィンドウが表示されます。ウィンドウ画面右に大きく表示され、「タイトルを入力」などの文字が書かれている白い部分が1枚のスライドです。この1枚のスライドの中に、必要な情報だけを選択して、大きな文字で、場合によっては図も交えて、内容が見やすく効果的に伝わるように情報を配置していきます。

画面左に表示されているのは、右に大きく表示されているスライドの縮小版（**サムネイル**）です。スライドの数が増えると、「1」と左上に書かれているサムネイルの下に「2」と書かれたサムネイルが現れ、新しいスライドを作るごとにその数は増えていきます。

Advice

リボンが表示されていない場合、［ホーム］などのタブをクリックすると表示されます。リボンの右端にある （［リボンの固定］）をクリックすると、リボンを表示した状態で固定できます。

Advice

印刷については図5-23、発表者ツールについては5.6.2を参照してください。

図5-3　PowerPoint 2016の画面構成

■**コラム**■　タッチモードとマウスモード

　Microsoft Office 2016では、画面上部にあるクイックアクセスツールバー右端の　をクリックし、[**タッチ/マウスモードの切り替え**]を選択すると、クイックアクセスツールバー上にタッチ操作に対応した「**タッチモード**」と、通常の操作方法である「**マウスモード**」を切り替える[**タッチ/マウスモードの切り替え**]ボタン　が表示されます。PowerPointの場合、タッチモードでは、リボン上のボタンの間隔が広がるとともに、「タイトルを入力」という表示が「ダブルタップしてタイトルを追加」に変わるなどの違いがあります。

図5-4　タッチモード画面

5.2.4　PowerPointの終了

　WordやExcelと同様に、 ファイル ([ファイル]タブ) → [**閉じる**]またはウィンドウ右上の閉じるボタン（ × ）で終了させます。タイトルバーに「**プレゼンテーション1 - PowerPoint**」と表示されている場合は、まだ名前を付けて保存していない状態です。作業内容を保存する際には、終了する前に ファイル ([ファイル]タブ) → [**名前を付けて保存**]を選択し、適切な名前を付けて保存します。

　PowerPointのファイルには、通常、ファイル名の後に「**pptx**」という拡張子が付きます。例えば、ファイル名として「**パワーポイントの練習**」と入力し、保存すると、保存したファイルは「**パワーポイントの練習.pptx**」となります。

5.3 スライド作成

5.3.1 タイトルスライド

　PowerPoint起動後、新しいファイルが表示される際、はじめに画面上に表示されているスライドは、**タイトルスライド**です。図5-3に表示されているスライドもタイトルスライドです。

　タイトルスライドには、点線で四角が2つ表示されています。四角には、それぞれ「タイトルを入力」、「サブタイトルを入力」と表示されています。これは文字どおりタイトルなどを入力するためのスライドで、具体的な内容については、通常、新しくスライドを挿入して2枚目以降に作成していきます。

5.3.2 新しいスライドの挿入方法

　新たにスライドを作成するためには、［**ホーム**］タブ→［**スライド**］グループ→［**新しいスライド**］をクリックします。ボタンをクリックすると、画面左に「2」と左上に書かれたサムネイルが追加され、画面右には、新しいスライドが表示されます。

　［**新しいスライド**］の▼をクリックすると、新しく挿入するスライドの種類が選べます。図5-5は、［**タイトルとコンテンツ**］をクリックして新しくスライドを挿入した状態です。

　このようなスライドの種類は**スライドレイアウト**（5.3.5参照）と言います。スライドを挿入する前に、あらかじめ適切なレイアウトを選んでおくこともできますが、レイアウトは後から変更することもできます。

5.3.3 スライドの削除

　作成したスライドを削除する場合は、画面左側で削除したいスライドのサムネイルをクリックして選択し、Delete や Backspace を押します。サムネイル上で**右クリック**すると［**スライドの削除**］というメニューが表示されますから、これを選択してもよいでしょう。

> **Advice**
>
> 　スライド一覧の表示でも、スライドを選択して Delete や Backspace を押すか、右クリックで削除ができます。スライド一覧に関しては5.4.3を参照してください。

図5-5　新しいスライド「タイトルとコンテンツ」が挿入された状態

5.3.4　文字の入力

　スライド内に文字などを入力する場合は、すべて点線で囲まれた**プレースホルダー**内で行います（図5-6）。この点がWordとは異なります。Wordでは基本的に文字を入力するため、特に必要がない限り、プレースホルダーを用いなくても文字が入力できる状態になっています。しかし、PowerPointでは、聞き手が理解しやすいように、文字とコンテンツ（グラフ・図・写真・絵など）をスライド内に効果的に配置する必要があります。そのため、テキストも自由に移動したり大きさを変更したりできるように、このようなプレースホルダーを使う仕組みとなっています。

　文字を入力するだけならば、図5-3下段で紹介したアウトラインを表示し、Wordのアウトラインと同じ感覚で入力していくこともできます。

　プレースホルダーは行数に応じて文字の大きさも自動調整する設定になっており、とりあえずの入力であれば、長い文章を入力してしまっても、プレースホルダー内に収めてくれます。ですから、プレースホルダー内で直接入力する方法でも、アウトライン上で入力する方法でも構いませんので、どちらでもやりやすい方で入力しましょう（図5-6）。

　とりあえず文字をスライドに入力し終えたら、スライドを確認し、次の点に注意しましょう。

　スライドはレポートとは異なり、じっくり読んでもらうものではなく、パッと見て内容をできる限りわかってもらうことが肝要です。そ

Advice

　プレースホルダーは、文字を含むコンテンツを挿入する領域です。コンテンツの挿入については、5.3.7を参照してください。

図5-6 文字の入力（スライド内のプレースホルダーとアウトライン）

こで、**長い文章は極力避け、箇条書きを活用し、短い言葉で端的に**、例えばキーワードのみを表示し、詳細についてはプレゼンテーション中に口頭で補うようにします。文字が入力できるプレースホルダーには、あらかじめ箇条書きが適用されています。箇条書きをやめる方法や行頭文字の変更、およびレベル下げ／レベル上げの方法は、基本的にWordと同じです。

　アウトラインを利用する場合、スライド番号横の□（スライドアイコン）の後ろに続けて入力するとスライドタイトルになります。この位置で[Enter]を押すと次のスライドが作成されます。スライドタイトル入力後、プレースホルダー内に箇条書きテキストを入力するには、[Enter]の後に[Tab]を押してレベルを下げます。箇条書きした項目に階層構造を付ける場合にも、[Tab]が使えます。

5.3.5 スライドレイアウト

　レイアウトとは、スライド上でのテキストや図・グラフなどの配置方法のことで、11種類のレイアウトが用意されています（図5-7a、b）。[**ホーム**]タブ→[**スライド**]グループ→[**新しいスライド**]の▼をクリックする手順で新しいスライドを挿入する場合には、あらかじめレイアウトを選んでおくことができます。

　このようにあらかじめレイアウトを選択してスライドを作成しておいても、スライドを仕上げていく過程では、図の追加など、レイアウト変更が必要になることが頻繁にあります。

Advice

　箇条書きについては、3.4.4を参照。ただし、PowerPointでは、プレースホルダー内の行頭文字は、スライドのテーマ（5.5.1参照）によって自動的に変更されます。テーマを決定した後で、行頭文字を変更したい場合はスライドマスターを変更しましょう（5.5.3参照）。一つひとつのプレースホルダーの設定を変更するよりも、一括で変更されるため便利です。

Advice

　階層構造の代表的な例は、フォルダーとファイルの関係ですが、文章を書く際にも書く内容を項目別にして、上下関係を付けていくことができます。Wordも表示をアウトラインに変更すると、PowerPointのアウトライン表示と近い状態で文章構造が表示されます。

●タイトルスライド／セクション見出し

文字を入力するプレースホルダーが2つ含まれる、表紙や話題の区切りに利用するスライドです

●コンテンツ用レイアウト

真ん中に6つのアイコンが表示されたプレースホルダーにはコンテンツの挿入ができます。ここに挿入できるのは、文字の他に、表・グラフ（Excelを使ったデータ入力やグラフ作成が可能）・SmartArt グラフィック・画像・オンライン画像（Web 上の画像）・ビデオ（動画や音声）です

●スライドのレイアウトは11種類あります ［新しいスライド］の ▼ をクリックした際も同様にこの11種類が表示されます

●レイアウト「タイトルとコンテンツ」で作成したスライドをレイアウト変更し、「2つのコンテンツ」にした状態です

図5-7a　スライドのレイアウト（11種類の使い分け）

●タイトルのみ／白紙　　　　　　　●目的に特化したもの　（タイトル付きの図／縦書き2種）

「タイトルのみ」はタイトル用のプレースホルダーのみを含むスライド、「白紙」はプレースホルダーがないスライドです
図形を組み合わせて自分で図を描く場合に便利です（5.3.7 参照）

「タイトル付きの図」は、ファイルから図を挿入するためのプレースホルダーと、図のタイトルと図の説明用のプレースホルダーからなる、図に特化したレイアウトです
縦書き2種はすでに入力したテキストを縦書きにしたい場合などに便利です

図5-7b　スライドのレイアウト（11種類の使い分け）

作成後にスライドのレイアウトを変更する場合は、変更したいスライドを表示した状態で［**ホーム**］タブ→［**スライド**］グループ→［**レイアウト（スライドのレイアウト）**］をクリックし、レイアウトを変更しましょう。

5.3.6　図解の効果

適切な図の挿入は、プレゼンテーションの際に聞き手に内容をよりよく理解してもらったり、複雑な内容をうまく伝えたりすることに役立ちます。例えば、初めて行く場所への道順を話だけで説明することは難しいですが、地図を見せて説明するとすぐに理解を得ることができます。このように一目でわかるように工夫すると、聞き手に内容を効果的に伝えることができ、理解を助けます。特に概念などの抽象的な内容や、階層構造があるものを説明する場合などは、説明内容を図にすると、全体像や関係性をうまく伝える効果があります。

図5-1はこの章での主な学習内容を図で表しています。5.1の説明をプレゼンテーションで行う場合を想定してみましょう。スライドに図5-1がある場合と、図5-1の内容を箇条書きで示す場合では、聞き手にとって、どちらがより理解しやすいでしょうか？

では次に、図5-1を例にPowerPointで図を作成する方法を紹介します。

Advice

選択したデザインテーマによってはスライドレイアウトの種類がここで紹介する11種類とは異なる場合や、種類が増えることがあります。

5.3.7　図の挿入

■基本的な図形

　図5-1は「タイトルのみ」レイアウトを利用して、基本的な図形とSmartArtを組み合わせて作成しています。

　図5-1でも利用している○や⇨、それに文字入力に利用しているテキストボックスなどは総称して、**オブジェクト**と言います。オブジェクトについては、例えば、お正月の福笑いのパーツをイメージすると理解しやすいでしょう。すべてばらばらに動かすことができ、また、重ねることもできます。この図で利用している○や⇨のような基本的な図形は、［**ホーム**］タブ→［**図形描画**］グループ、もしくは［**挿入**］タブ→［**図**］グループ→［**図形**］から選択します。テキストボックスについては、［**挿入**］タブ→［**テキスト**］グループ→［**テキストボックス**］ボタンをクリックする方法でも挿入できます。

　作成した図形などのオブジェクトの重なり順は、オブジェクトをクリックした際に表示される［**描画ツール**］の［**書式**］タブ→［**配置**］グループ→［**前面へ移動**］／［**背面へ移動**］の▼から、［**最前面に移動**］／［**最背面に移動**］（一番前／後に移動する場合）、または［**前面に移動**］／［**背面に移動**］（1つだけ移動する場合）を選択すると変更できます。また、同様の作業はオブジェクト上で右クリックし、表示されたメニュー内でも選択可能です。

　しかし、たくさんのオブジェクトをスライド内に配置した場合などは、画面上では重なりがわかりづらいかもしれません。そのようなときは、オブジェクトを選択し［**描画ツール**］の［**書式**］タブ→［**配置**］グループ→［**オブジェクトの選択と表示**］をクリックして、画面右端にスライド内のオブジェクトを一覧表示しましょう（図5-9）。この右端の領域では、使用しているすべてのオブジェクトを確認しながら、配置や重なり順を変更することができます。

Advice

　基本的な図形では、図5-1の以下の部分が作成できます。

図5-8　図形機能で作成した部分

　⇨の中や話し手の○の中ではSmartArtを使っています（209ページ参照）。

図5-9　オブジェクトの重なり順を確認・変更する

■コンテンツの挿入

レイアウトで、コンテンツを含むものを選択している場合には、コンテンツを挿入する領域（プレースホルダー）内に、左上から順に、「**表・グラフ・SmartArtグラフィック・画像・オンライン画像**（Web上の画像）**・ビデオ**（動画や音声）**の挿入**」のアイコンがボタンとして表示されています。各ボタンをクリックして、任意のファイルなどを選択することで、プレースホルダー内に図・ビデオ・音声を挿入することができます（それぞれのアイコンをクリックしたときに表示されるダイアログボックスと簡単な説明については、図5-10を参照）。

コンテンツのアイコンボタンを含むプレースホルダーがないレイアウト、例えば、白紙やテキストのみのレイアウトを適用したスライドに図を挿入する手順は、基本的にWordと同様です。[**挿入**] タブ→ [**表**] グループ、[**図**] グループおよび [**画像**] グループにコンテンツを選択する際に使用するアイコンと同じボタンがあるので、そのボタンをクリックして、ファイルなどを選択すれば、スライド内にコンテンツを挿入することができます。もちろん、他のファイル内にある図やグラフをコピーし、貼り付けることもできます。

Advice

図表は貼り付ける種類が選択できます。これを「形式を選択して貼り付け」と言います。写真やWordで作成した図は、画像形式が選択できます（Wordの画像形式は3.5.2参照。Excelの表やグラフは4.8.1を参照してください）。

図5-10 コンテンツの挿入（コンテンツプレースホルダー内で各アイコンボタンをクリックした際の動作）

以下ではコンテンツ6種のうち、特にSmartArtとビデオの挿入を取り上げます。

■SmartArt

図5-1の⇨の中の図形に見られるような決まった関係性を示す図を挿入する場合は、基本的な図形を自分で組み合わせて作成するよりも、SmartArtを活用した方が便利です。例えば①→②→③のような手順、食物連鎖で肉食動物が上、草食動物がその下、植物がさらにその下といったようなピラミッド構造、箇条書きのリストや図5-1で使用しているような階層構造などを表現するのに最適です。

SmartArtの挿入手順は、前述のとおりプレースホルダー内のSmartArtボタンをクリックする方法と[挿入]タブ→[図]グループ→[SmartArt]をクリックする方法がありますが、どちらの操作でも同じ[SmartArtグラフィックの選択]ダイアログボックスが表示されます。

ダイアログボックスの左側から、描きたい図のイメージに近い関係性を表す単語をクリックします。選択した単語に応じて、図のセットが右側に表示されます。その中から自分が最も使いやすいものを選択し、[OK]をクリックします。ダイアログボックスが消え、スライド上にSmartArtが挿入されます。SmartArtの左側には[テキスト]ウィンドウ（「ここに文字を入力してください」と書かれたウィンドウ）が現れ、アウトラインのようなものが表示されます。スライドに文字を入力する際にアウトラインを利用するのと同様で、ここを利用して文字を入力すると図形に反映される仕組みです。また、アウトラインと同じ方法で、入力する文字のレベルを上げ下げすることができます。

図5-11は図5-1の⇨内に配置してあったSmartArtを取り出したものです。これには「階層構造」グループの「横方向階層」を利用しました。階層構造のレベルは左が最も高く、右へ行くと順に低くなります。この例では最も高いレベルに「プレゼンテーション」、2つ目に「内容」と「見栄えと工夫」があります。2つ目のレベル「内容」の下には3つ目のレベルとして、「話の流れ・構成・スライドの組み立て」と「スライドを仕上げる・聞き手を意識する」の2つがあります。左側の[テキスト]ウィンドウを見ると、これらのレベルが高い順に左寄りに箇条書きされるのがわかります。レベルの上げ下げは右クリック内のメニューで行えますが、[Tab]と[Backspace]でも同様に行えます。また、入力文字が確定した後に[Enter]を押すと、同じレベルの項目を増やすことができます。

■Advice

SmartArtの左側に「ここに文字を入力してください」が表示されていない場合は、SmartArtの枠の左端にある[<]ボタンをクリックすることで表示できます。

■Advice

階層構造のレベルは、[Tab]キーを押すと1つ下がり、[Shift]+[Tab]を押すと1つ上がります。
これはアウトラインの入力時も同様です。

図5-11　SmartArt（階層構造を利用）

■ビデオの挿入

　最後にコンテンツの種類のうち、ビデオに注目しましょう。スライドには、図やグラフ、写真などに加えて、音声やビデオの映像なども挿入して「貼り付けておく」ことができます。コンピュータを使用しないプレゼンテーションでは、音声や映像をプレゼンテーション中に再生したい場合、ビデオデッキなどの再生機器が必要になりますが、コンピュータとPowerPointなどのプレゼンテーション用ソフトを用いた場合には、音声や映像はスライド内に挿入してさえおけば、プレゼンテーション中に再生して、聞き手に聞かせたり見せたりすることが可能です。これらのコンテンツを適切に使うと、図解だけではなかなか理解されにくい内容をさらに効果的に伝える手段になります。

5.4 スライドの組み立て

5.4.1 自分の考えをまとめる
―説得力のある発表の前に―

ではここで、スライドを作成する前段として、自分の考えをまとめ、発表内容を練るプロセスを一緒に学んでいきましょう。

発表内容を練る → スライド作成・構成 → 発表

図5-12 発表内容を練る段階から発表まで

発表内容を練る段階で心がけることは、日記やブログなどとは違い、**できるだけ自分の考え（主張）は、根拠（データ・事実）とセットで記述**することです。大学で求められる文書形式であるレポート・論文をはじめ、就職後仕事の中で求められる各種の文書でも、根拠（データ・事実）に基づいて作成することが基本となります。

図5-13 論理的に記述するポイント

この論理的に記述するポイントを踏まえ、発表内容に合わせて、発表内容全体の構成を考えましょう。皆さんに馴染み深い文章の構成の代表的なものには、感想文や小論文に用いられることが多い「起・承・転・結」、「序論・本論・結論」などがあります。また、大学などでの研究論文の一般的な形式は、「問題（はじめに・研究背景）・目的・方法・結果・考察・まとめ（今後の課題）」です。それではここで、図5-14を見てみましょう。

▼レポート・論文・説明
　問題（はじめに・研究背景）・目的・方法・結果・考察・まとめ（今後の課題）
▼問題解決・業務改善
　問題点（背景・目的）・現状把握・要因分析・改善案（実行計画）・今後のスケジュール
▼企画・提案
　テーマ（アイデア）・背景・主張・根拠・まとめ

図5-14 文書内容別の構成例

このように作成中の文書の内容がどのような種類のものであるかによって、相応しい構成（シナリオ・ストーリー）は異なりますので、適宜、何のための文書であるのかを繰り返し自分自身に問いかけて目的を明確にし、相応しい構成を考えて文書を作成しましょう。

■**コラム**■　テンプレートの利用

　PowerPointには、用途に応じてスライドの構成・デザインが1つにまとめられた「**テンプレート**」というものがあり、これを利用してスライドを作成することもできます。例えば、「ビジネスプロジェクト計画プレゼンテーション」や「教育機関向けのプレゼンテーション、縞模様とリボンのデザイン（ワイドスクリーン）」といった複数スライドで構成される複雑なテンプレートだけでなく、「名刺」「賞状」などのシンプルなテンプレートも用意されています。

　テンプレートを使ってスライドを作成するには、起動後の画面（図5-2）上の［**オンラインテンプレートとテーマの検索**］と書かれたボックス内に任意のキーワードを入力します。ボックスの下には検索の候補としてビジネスや教育といった単語があります。前述のテンプレート2種は、前者が「ビジネス」、後者は「教育」で検索すると参照できます。なお、テンプレートはオンラインで検索するため、あらかじめインターネットに接続しておく必要があります。

5.4.2　自分の考えが伝わるようにスライドを構成する

　前項では、発表内容が**自分の考え＋根拠**という論理的な記述になっているかを確認して検討しました。この項では、スライドの作成・構成の段階に入っていきましょう。

　PowerPointを使ったプレゼンテーションが、スライドのアニメーション設定などに凝ったけれども、何を伝えたいかわからないものになっている例が数多くあります。プレゼンテーション後、聞き手に「印象だけは強く残っているが具体的な内容についてはあまり覚えていない」と言われないよう、**伝えたい内容を整理**し、**聞き手が納得しやすいよう順序立ててスライドを構成**しなくてはなりません。

　それでは、実際にレポートを用いて、プレゼンテーションを作成しましょう。次ページは「大学の必修授業でコンピュータ・情報リテラシーを学ぶ必要性」というテーマで書かれた600字程度のレポートを箇条書きにしたものです。プレゼンテーション用のスライドには、長い文章はプロジェクタで映したときに見えにくく適しません。まずレポートの長い文章を箇条書きで短く書き出すとよいでしょう。

▼レポートの長い文章→箇条書き
- ・情報社会
- ・パソコンを利用する機会が増えている
- ・インターネットは世界中を結んでいる
- ・インターネットからは多くの情報が容易に得られる
- ・時間と場所を選ばず、検索エンジンを用いて瞬時に情報収集ができる
- ・生活にも就職にもパソコンの技能は役立つ
- ・企業に勤める父：IT関連の職業だけではなく、どんな職種でも仕事にパソコンを利用すると聞く
- ・募集要項の条件に「Word・Excelができる方」とある
- ・インターネット上の文字ベースでのコミュニケーションの難しさ
- ・ネットの利用の仕方やマナーをみんなが学ぶ必要がある
- ・大学で必修として情報リテラシーを学ぶ必要がある

　この文章を箇条書きにする作業は、すでにあるレポートを利用するのですから、コピー＆貼り付けを活用しましょう。これは、Wordで行ってもPowerPointで行ってもどちらでもやりやすい方で構いません。
　さて、上記の順番のままスライドにすると図5-15の上段になります。レポートならば、この順番で書かれていてもあまり問題を感じないかもしれませんが、図5-15の上段を下段と比較して見てください。皆さんはどう感じますか？
　上段からは、少し漫然として整理されていない印象を受けるのではないでしょうか。上段と下段は、同じレポート内容で同じように箇条書きになっているので、違いは内容のまとめ方にあり、そこでわかりやすさと説得力に差が出ています。では、上段の内容を下段のようにまとめるプロセスを見ていきましょう。
　ここで「まとめる」という語を使いましたが、レポートはすでに自分の考えをまとめたものだと考えれば、この言い方に違和感を覚えるかもしれません。しかし、前述のようにプレゼンテーションは、スライドという道具を利用し、一方向に流して発表して聞き手に理解してもらうものです。**話し手であるあなたの頭の中ではつながっている発表内容が、聞き手の中でもつながっているとは限りません。**
　そこで、レポートの文章全体を内容ごとにばらばらにし、**1つの項目（1つの文）に1つの意味内容が入っている**ようにしましょう。このようにして作成した、**箇条書きの項目がそれぞれどのようにつながっているか、論理的に検討**していきます。

5.4 スライドの組み立て

▼未構成のスライド

▼構成を意識したスライド

図5-15　未構成のスライド（上段）と構成を意識したスライド（下段）

図5-16 発表内容の構造図

> **Advice**
> この検討作業をPowerPointで行う場合は、まず「タイトルとコンテンツ」レイアウトを選択したスライド上に、レポート内容を貼り付けます。箇条書きで1つの項目が1つの意味内容を持つように修正します。
> 次に、「白紙」レイアウトを選択したスライド上に、箇条書きの文字を1項目ずつコピーして貼り付けていきます。こうすれば、白紙のスライド上に1項目ずつテキストボックスを挿入して文字を貼り付けていくという手間が省け、簡単に構成作業に入ることができます。

　まず、先ほど作成した箇条書き項目を自由に動かす必要があります。この作業はPowerPointで行うことができます。例えばここで示す図5-16は、PowerPointを利用しています。一つひとつの項目をばらばらのオブジェクトにして、1枚のスライド上に置き、基本図形の矢印を使ってつなげています。

　また、Excelのセルに1つずつ項目を入力し、セルを移動するという方法もあります。自分がやりやすい方法で行いましょう。操作に慣れないうちは、箇条書き項目を印刷し、一つひとつはさみで切り取り、机の上で動かしてみましょう。

　このようにして、箇条書き項目を動かす準備ができたら、**最も伝えたい項目**を見つけます。これを核として、**似たことを言っている項目同士を近くに置き**ます。また、「～だから、～」のように**論理的につながる項目と項目は、線や矢印で結んで**いきます。どうしてもつながらない項目があれば、その項目をなぜ書いたのかを思い出して、**論理の飛躍があれば補足説明の項目を書き足し、項目を加えてつなげ**ましょう。検討した結果、**どうしてもつながらない場合は、保留、あるいは削除**します。

　そして最終的には、できるだけすべての項目が線で結ばれ、核につながるようにします。項目の配置が決まったら、**似た項目同士の集まりに名前を付け**（これは後でスライドのタイトルなどに利用できます）、他にもまとめられそうな項目はないか、再度よく眺めます。図5-16では、上の3項目に「社会背景」という名前を付けてまとめ、さらに「Word・Excel」、「検索エンジン」、「（ネット上の）マナー」の3つが授業内容に相当することを発見したので、薄い灰色でマークしました。

> **Advice**
> 線や矢印を引く際に、オブジェクトのハンドル（オブジェクトを選択したときに角や線の真ん中に表示される□）とハンドルをつなげると、オブジェクトを移動しても、矢印が離れず便利です。線や矢印を基本図形で選択し、＋表示になったマウスポインタをオブジェクトに重ねるとハンドルが赤く表示されるので、赤く表示されたハンドル上でクリックして、つなげたいオブジェクト上にドラッグすると、またハンドルが赤く表示されるので、赤いハンドル上でマウスから手を離すとうまくいきます。

5.4 スライドの組み立て

5.4.3　表示の切り替え

　スライドを構成していく作業過程では、作成したスライドの順番を入れ替えなくてはいけない場合が出てきます。また、わかりやすくするために図やグラフなどのコンテンツを用いた場合は、スライドの枚数が次第に増えていきます。スライドの縮小版（サムネイル）は、ウィンドウ画面左に表示されますが、枚数が増えてくると全体を把握するのは難しくなります。

　PowerPointを起動した際の最初の表示は、スライド1枚1枚を作成・編集するための表示でした。枚数が増え、全体を確認・把握したいと思ったときは、表示を切り替えましょう。

　[**表示**] タブ→ [**プレゼンテーションの表示**] グループ→ [**スライド一覧**] をクリックすると図5-15のようなスライドが横に並んだ一覧表示になります。スライド一覧の表示では、スライド全体を把握しやすくなります。また、スライドを移動して順序の入れ替えをするのも、移動するスライドをマウスでドラッグするだけで簡単にできます。

　スライド一覧の表示から最初の表示に戻すには、[**表示**] タブ→ [**プレゼンテーションの表示**] グループ→ [**標準**] をクリックするか、編集したいスライドをダブルクリックします。

Advice

　図5-16の構造図のような矢印は引けないため、複雑な構造は難しいですが、1つの箇条書きの内容を1つのスライドにした上で、表示を一覧表示に切り替えて順番を入れ替えるなどすれば、発表内容を構造的に検討することが可能です。

Advice

　図5-3下段で紹介したウィンドウ下部のアウトライン表示／標準表示の切り替えボタンの隣には [スライド一覧] ボタン があり、これを使うとタブを [**表示**] に切り替えることなく、表示をスライド一覧に変更できます。

5.5 スライドを仕上げる

5.5.1 スライドのデザイン

　スライドの配色は、白紙に黒文字だけではありません。効果的に色を使い分け、注目してもらいたい情報は、より目立たせる工夫をしましょう。聞き手に注目してもらいたい単語や文章のみに色を付ける場合は、Wordと同様に、対象となる文字を選択してフォントの色を変更します。この変更は部分的ですが、スライド内には、背景色、図形などのコンテンツの色、文字の色など色を変更できる対象が他にもあります。これらのすべてを対象とした配色、文字の配置やフォント、さらに箇条書きの行頭文字の種類をセットにした、スライドの総合的なデザインが、PowerPointには「**テーマ**」として組み込まれています。テーマは、スライドレイアウトが異なっても、全体的にまとまった印象を与えられるよう、ファイル内に作成されているスライドすべてに対して適用されます。

　そのため、[**デザイン**]タブ→[**テーマ**]グループ→[**Office**]の一覧からどれか1つを選択すると、すぐにスライド全体の印象が変化します。[**Office**]の一覧では選択しやすいように、サムネイルのようなスライドがボタンとなって並んでおり、これらをクリックすることで、見栄えが大きく変化します。また、同じ[**デザイン**]タブ内の[**バリエーション**]グループを活用することで、選択したデザインテーマをさらに変化させることができます。[**バリエーション**]グループの ▼ で表示されるメニューには、[**配色**]、[**フォント**]や、[**効果**]や[**背景のスタイル**]があり、これらを変更することで、さらに印象や読みやすさ、見やすさが変化します。

5.5.2 配色・文字・効果

　テーマを適用させたスライドの配色・文字・効果をそれぞれ変更することができます。これらもテーマと同じ名前が付いたセット(文字の色、行頭文字の色、コンテンツの色などがひとまとめ)になっています。配色では、**背景色や背景のスタイルと文字色の組み合わせに注意**が必要です。組み合わせる色によっては、文字が背景に埋没してしまい読みづらいものになることがあります。いろいろな組み合わせを試して比較しましょう。

　文字についても同様です。文字のフォントは、部分的に太さが異な

るフォントや全体的に細いフォント、例えば、レポートなどではよく使う明朝体などはあまり好まれません。映写した際にかすんでしまうことがあるからです。フォントは線の太さが均一ではっきりとして見やすい**ゴシック体**などをできるだけ利用しましょう。

また、小さな文字も、プレゼンテーションを行う場所にもよりますが、同じくかすんでしまい、遠くにいる人には見えない可能性があるため避けます。フォントサイズは、レポートなどは10.5や11ポイントで作成するのに対して、倍以上の**20ポイント以上**にします。

効果は、主に文字以外のコンテンツ、SmartArtや基本的な図形の枠線や塗りつぶしの部分の印象を変化させるときに利用します。塗りつぶしの色は配色で大きく変化しますが、塗りつぶした部分にグラデーションを付けて立体的に見せたり、光が当たったような明るい印象にしたり、変化を与えることができます。

図5-17は、図5-15下段のスライドにテーマ「オーガニック」を適

> **Advice**
> PowerPoint 2016では、スライドのサイズが16:9のワイドで表示されます。4:3の標準サイズにしたい場合は、[**デザイン**] タブ→[**ユーザー設定**] グループ→[**スライドのサイズ**]から変更できます。

図5-17 構成を意識したスライド（図5-15下段）にテーマ「オーガニック」を適用→フォントや文字の大きさなどを調整

用して、バリエーションで変更を加えた例です。スライドの背景に模様が入ったこと、文字のフォントと折り返しが変化していることがわかります。プレースホルダーの大きさや配置も、テーマやバリエーションによって変更されています。したがって、文章を読みやすくするためにフォントを変更（利用する文字のセットを変更）したり、文字の大きさを変更したり、文節で改行したり（Shift+Enter）といった工夫は、適用するテーマを決定した後に行った方がよいでしょう。

5.5.3 マスターの変更

　テーマは自分なりに変更・作成することもできます。例えば、自分で考えたロゴなどをスライド全般に一貫して表示したい場合は、マスターにロゴを貼り付けます。その他、箇条書きの記号やフォントのスタイルなどをマスターで設定すると、スライド全般に適用されるため、個々に設定する手間が省けます。マスターはレイアウトごとに表示されますが、どのレイアウトのスライドを選択してもロゴを表示させたい場合には、［**スライドマスター**］画面の一番上に表示される［**スライドマスター**］にロゴを貼り付けておきます（その下にあるレイアウトすべてに変更が反映されます）。

　スライドのマスターに変更を加えるには、［**表示**］タブ→［**マスター表示**］グループ→［**スライドマスター**］をクリックします。ウィンドウ内がマスター表示になりますので、スライドを変更するのと同様に、箇条書きの行頭文字やフォント、ロゴの貼り付けを行います。日付のプレースホルダーや「フッター」と書かれたプレースホルダーを移動すると、日付が表示される場所が変更されます。

　マスターに加えた変更を確認したい場合には、［**スライドマスター**］タブ→［**閉じる**］グループ→［**マスター表示を閉じる**］をクリックするか、［**表示**］タブ→［**プレゼンテーションの表示**］グループ→［**標準**］をクリックします。

5.5.4 ヘッダーとフッター

　PowerPointのヘッダーとフッターは、Wordのヘッダーとフッターとは少し異なります。Wordではフッターは通常文書の下に配置されることが多いですが、スライドのフッターは、適用したテーマによって、表示される位置が異なります（スライドマスターで変更できます）。また、表示する対象がスライドか、ノート・配布資料かで、表示できる情報の種類や表示内容が異なるため、別々に設定します。

　フッターを入力するには、［**挿入**］タブ→［**テキスト**］グループ→［ヘ

Advice

　Shift+Enterを押して任意の文節で改行することを「段落内改行」と言います。これはWordでも同様に利用できます。

Advice

　［**ヘッダーとフッター**］ダイアログボックスは、［**ファイル**］タブ→［**印刷**］→［**ヘッダーとフッターの編集**］をクリックして表示することもできます。つまり、印刷プレビューを行ってから、ヘッダーとフッターを設定することも可能です。

ッダーとフッター]をクリックし、[**ヘッダーとフッター**]ダイアログボックスを表示します。また、スライドに日付やスライド番号といった、プレゼンテーション管理に役立つ情報を表示したいときは、このダイアログボックスの[**スライド**]タブで、表示したいものにそれぞれチェックを入れます。

図5-18　ヘッダーとフッターの設定

ヘッダーもこのダイアログボックスで設定することができますが、ヘッダーが表示されるのは印刷時でスライドには表示されません。そのため、[**スライド**]タブ内では設定できず、[**ヘッダーとフッター**]ダイアログボックスの[**ノートと配布資料**]タブで設定します。

5.5.5　アニメーション設定

　アニメーション設定とは、スライド中の文字やコンテンツに動きを付けたり、音を付けたりするための設定です。人の目は動くものに視線を奪われる傾向があるので、アニメーションを多用すると肝心の内容の伝達を阻害してしまうこともあります。したがって、アニメーションを使う場合は、必ず本当に必要かどうかを考えて設定するようにしましょう。

　また、音は注意喚起に役立ちます。医薬品のテレビCMでは、使用上の注意について書かれた静止画面とともに注意を喚起するための「ピンポーン」という音を付けています。しかし、これらの音による注意喚起も多用するとその効果が薄れることがありますので、アニメーションと同様によく考えて設定しましょう。

　さて、アニメーションには、大きく分けて2種類あります。1つはスライドを切り替える際に動きを付けるもの（[**画面切り替え**]タブで設定）、もう1つは、オブジェクトやプレースホルダーごとにアニメーションの設定をするもの（[**アニメーション**]タブで設定）です。

■画面の切り替え

　[**画面切り替え**]タブに表示されているサムネイルのようなスライドのアイコンをクリックすると、スライド内でその効果を確認することができます。切り替えの効果は大きく「**シンプル**」、「**はなやか**」、「**ダイナミックコンテンツ**」の3種類に分類されています。各分類の中にも多種多様な切り替え効果があります。この[**画面切り替え**]タブ内では切り替え効果の種類を選択する他に、切り替え時の音の設定、画面切り替えの速度、選択した効果や音の設定をすべてのスライドに適用させるかどうかの設定を行うことができます。

■オブジェクトやプレースホルダーごとのアニメーション設定

　スライドの切り替えではなく、スライド内のテキストや図を順々に表示したい場合などは、オブジェクトやプレースホルダーを選択して、個々にアニメーションの設定を行います。人の目は新しく出現したものに注目しやすいので、このような設定は、箇条書きした内容を順番に見てもらいたい場合や手順を一つひとつ見てもらいたい場合などに

効果的です。

　[**アニメーション**]タブ→[**アニメーションの詳細設定**]グループ→[**アニメーションウィンドウ**]をクリックすると、画面右端に作業領域が表示されます。基本的な図形の重なり順を確認したり変更したりする際と同様に、この作業領域を活用すれば、細かなアニメーションの設定を行うことができるだけでなく、[**▶ ここから再生**]ボタンで設定したアニメーションを確認することもできます。

5.6 スライド提示

5.6.1 スライドショーの実行

　ここまでスライドの作成や組み立てについて学習しましたが、ここからは、いよいよ仕上がったスライドを使って発表を行う段階です。発表を行う際には、**スライドショー**という機能を使います。スライドショーとは、スライドを順番に、コンピュータ画面いっぱいに表示する機能です。発表中は、聞き手にスライドを見せる必要がありますから、多くの場合、コンピュータをプロジェクタという映写機に接続します。プロジェクタを使うとスクリーン上にコンピュータ画面を表示できます。しかし、コンピュータ画面をそのまま表示するとソフトウェアのメニューなども一緒に表示されてしまいますので、画面上がスライドだけになるようスライドショーを実行し、発表を行うわけです。

　PowerPoint 2016から、プロジェクタに接続した際、後述の［**発表者ツールを使用する**］にチェックが入っている場合は、自動的に手元のモニターには発表者ツールが表示されるようになりました。この場合は、手元のモニターにはスライドを切り替えるためのボタンなどが表示されるため、下記の操作をしなくても簡単にスライドを切り替えることができますが、以下では従来どおり手元の画面とプロジェクタ画面が同じ状態の場合の操作について説明します。

　スライドショーを実行するには、［**スライドショー**］タブ→［**スライドショーの開始**］グループ→［**最初から**］、または［**現在のスライドから**］をクリックします。あるいは、画面右下の［**スライドショー**］ボタン（標準／スライド一覧／閲覧表示に切り替えるボタンの隣にある）をクリックします。

　スライドショーでは画面全体がスライドになるためメニューなどは見えなくなりますが、以下の方法で次のスライドに切り替えることができます。

- マウスをクリックする
- Enterを押す
- Spaceを押す
- 矢印キー（↓→で進み、↑←で戻る）を押す

　上記の方法でスライドを順に切り替えていき、最終スライドの次に表示される「スライドショーの最後です」という画面でさらに次に進もうとすると、自動的にスライドショーは終了し、元の画面に戻ります。途中で終了させたい場合には、Escを押します。

Advice

　スライドショー中の画面を切り替える方法には、この他に、マウスの右クリックを使う方法があります。スライドショー実行中に、**右クリック**→［**次へ**］、［**前へ**］、［**スライドショーの終了**］が選択できます。

5.6.2 発表者ツール

　発表者ツールには、発表時に役立つ機能がたくさんあります。発表者ツールを利用すると、聞き手に提示するプロジェクタ画面とは別に、手元のモニター上で、現在のスライドに対して聞き手の注意をひくための操作（レーザーポインター、スライド上にリアルタイムで記入できるペンの利用、任意の部分を拡大）や、発表に役立つ機能（ノートの参照、次のスライドの確認、スライドを一覧表示して確認）の活用ができます。

　発表時にこのツールを利用するには、あらかじめ［**スライドショー**］タブ→［**モニター**］グループで、［**発表者ツールを使用する**］にチェックを入れておく必要があります（図5-19上段）。発表者ツールを利用して、本番と同様の画面・操作で練習したい場合は、[Alt]+[F5]を使うか、スライドショー中に右クリック→［**発表者ビューを表示**］で画面を切り替えます。発表者ビューでもタイマーが表示されていますが、次項のリハーサルで紹介するタイミングの記録機能はありません。

図5-19　発表者ツール

5.6.3 リハーサル

　発表前には、もちろん練習が欠かせません。ある程度仕上げたスライドで、スライドショーを実行し、文字の大きさ、配色の確認、わかりづらい部分はないかなど、内容と見栄えの双方をチェックしましょう。また、スライドごとの説明内容を考え、実際に声に出して説明してみましょう。

　このような練習の際に、スライドショーとは少し異なる機能である、リハーサルという機能を活用することもできます。リハーサルでは、スライドショーが実行されると同時に[**記録中**]ダイアログボックス（図5-20）が表示され、1枚のスライドにかかった時間やプレゼンテーション全体の時間などを計測してくれます。リハーサルを途中で終了するには、[**記録中**]ダイアログボックスの閉じるボタン（×）をクリックするか、スライドショーと同様に Esc を押します。

　リハーサル終了時には別のダイアログボックスが表示され、プレゼンテーションの所要時間が示されます。また、スライドを切り替えたタイミングを記録して使用するかを選択します（図5-20）。このダイアログボックスで[**はい**]を選択すると、次にスライドショーを行った際に、スライドが自動的に切り替わりますので注意が必要です。誤って[**はい**]を選択しリハーサルのタイミングがスライドショーに適用されてしまった場合は、[**スライドショー**]タブ→[**設定**]グループ→[**タイミングを使用**]のチェックボックスをオフにします。

▎Advice
　このリハーサル機能では、タイミングだけでなく、（コンピュータ対応のマイクがあれば）声の録音も可能です。自分の説明や言葉遣いの客観的な検証に活用できます。

5.6.4 スライドの非表示設定

　スライドショーを実行したり、リハーサルを行った結果、このスライドは不要だと感じた場合、そのスライドを削除してしまう方法もありますが、削除せずに、スライドショーで表示されないようにする非表示設定を行うこともできます。

　スライドを非表示にするためには、[**スライドショー**]タブ→[**設定**]グループ→[**非表示スライドに設定**]をクリックします。検討の結果、また表示させようと思った場合には、同じ操作をもう一度行うと非表示設定が解除されます。

　非表示設定されたスライドは、アウトラインのサムネイルやスライド一覧の表示で、スライド番号に灰色で斜線が付きます。

▎Advice
　スライドの非表示は、アウトラインのサムネイル上、もしくは一覧表示で非表示にするスライド上で**右クリック**し[**非表示スライドに設定**]を選択することでも設定可能です。

図5-20　スライドショーの実行とリハーサル機能およびスライドの非表示設定

5.6.5　聞き手の立場からのスライドの構成
―よりよいプレゼンテーションのために―

　実際にプレゼンテーションを行うことになったら、話し手として練習を行って話しづらい部分を見つけ、文章やスライドの順番を入れ替えて構成を変更し、修正します。次に聞き手の立場になって検討を加えましょう。

　聞き手は、あなたの発表内容を、あなたの話す言葉、スライドの文字、図のすべてから総合的に判断します。スライドの見やすさなどはスライドを仕上げる過程ですでに確認しましたが、**話す内容や順番は聞き手によって変化させる**必要があります。なぜなら、聞き手がプレゼン

テーションにどの程度興味を持つか、どこに疑問を持つか、どの点に重点を置いて聞くかは、聞き手の社会的な立場、地位、背景という要因によって変化するからです（鈴木・加藤（2008））。普段、皆さんが友人と会話しているときは、相手の反応や表情、興味関心を考えて話し方を変え、会話内容を補足していると思います。しかし、プレゼンテーションの本番では、あらかじめ用意したスライドを本番中に変更することはできません。そこで、図5-21の発表以外の3領域（題材、説明・納得、スライド）について、**発表前に聞き手の立場に立って、しっかり準備する**必要があります。

図5-21　プレゼンテーション時に留意する4領域

この点について、鈴木・加藤（2008）は「プレゼンテーションの構成とは、聞き手が発するであろう声を自分の中に取り込みながら、内的に対話し、聞き手の声を理解の声へと組み替えていくための準備作業だと考えられる」と述べています。聞き手は、発表の間、「本当にそうなのか？」、「それはどういう理由から？」といった声を頭の中で発して聞いています。そのときタイミングよく話し手であるあなたが「それはこういう理由からです」と言い、聞き手が「なるほど」と納得すれば、その点については聞き手に理解されます。このような対話の声を、どのぐらい具体的に想像できるかによって、**聞き手の立場に立ったプレゼンテーションの構成**ができるかは変わります。

　それでは、具体的にはどのような聞き手の声を想像すればよいでしょうか。鈴木（2001）は、プレゼンテーションの授業において、商品開発を例に発表者と他者の関係性を次のように想定した練習を行っています。

(a) 前向きな同僚・消費者
　「この商品はここがすばらしい、こうしたらもっと面白い。こんな風にも使える」

(b) 悲観的な同僚（上司）

「私はこの商品開発には反対だ。なぜなら〜だから。〜という社会背景があるから」

(c) 理屈っぽい先輩

「〜だということを論理だって説明してくれないと俺は納得しないよ。説明が矛盾しているよ」

(d) 悲観的な消費者

「私はこの商品はいらない（不安だ）。なぜなら〜と思うから」

(e) 知りたがりの雑誌記者・新聞記者

「面白い紹介記事を書くために、〜について知りたい」

　もちろん声の主（聞き手）はここで挙げた立場に限定されるものではありません。このような声の主を一人で何役もこなすのは限界があるので、グループになってゲーム感覚でそれぞれの立場になりきって行うとよいでしょう。あなたが想像もしなかったような声が友達から聞けるかもしれません。発表内容をサポートするものや、反対に否定するものもあるでしょう。これらの声に対応しながら、聞き手の理解が増すようにスライドを再構成していければ、よりわかりやすく説得力あるものに仕上がるでしょう。このように**具体的に聞き手を想定しながらプレゼンテーションを作成する**過程で養われる想像力は、スライド作成、レポート作成に限らず、相手に何かを伝える伝達力、説得力として非常に役立ちます。

　最後は、決められた時間内に、自分の伝えたいことがきちんと伝わるよう、十分に練習をしておきましょう。

■**コラム**■　コメントの挿入

　スライド1枚1枚にコメントを付けることができます。それぞれの立場でのコメントを記入しておいてもらえば、スライドの精査に役立てることができます。

　コメントが記入されているスライドには、左上に吹き出しが表示されます。吹き出しをクリックすると、右端にコメント内容が表示されます。

　コメントを入力するには、[**校閲**] タブ→ [**コメント**] グループ→ [**新しいコメント**] をクリックします。

図5-22　コメントの挿入

5.7 印刷

　プレゼンテーション用ソフトウェアであるPowerPointにも印刷機能があります。ただし、何も設定せずに印刷すると、印刷用紙1ページに1枚のスライドが印刷され、スライドの枚数分の印刷が行われますから注意しましょう。スライドはレポートと異なり、大きめの文字で作成していますので、1枚の用紙に何枚かのスライドを縮小して印刷する「配布資料」という形態の方が、印刷枚数も少なく資料に適しているでしょう。ここでは、印刷対象の種類と設定について学びます。

5.7.1　印刷対象の設定

　PowerPointでは印刷の際、印刷対象が選択できます。印刷対象には、「**フルページサイズのスライド**」、「**ノート**」、「**アウトライン**」、「**配布資料**」の4つがあります。さらに、配布資料では、印刷用紙1ページあたりに印刷するスライドの枚数を1，2，3，4，6，9枚に設定できます。

　印刷対象の設定は、[**印刷**]ダイアログボックスで行います。

　まず、 ファイル （[ファイル]タブ）→[**印刷**]を選択します。そのままではスライドが1枚大きく印刷される状態ですので、[**設定**]欄の[**フルページサイズのスライド▼**]をクリックし、印刷対象を選択します。印刷対象の詳細とイメージは図5-23を見てください。

　選択した印刷対象に合わせて、印刷プレビューの表示が変更されますので、どの形態で印刷するのがよいか、また、スライド内に間違いや見づらい部分がないかどうか、よく確認をします。修正が必要な箇所が見つかったときはタブを切り替えて修正します。

　最後に、プリンタやカラー、部数などを確認した上で[**OK**]をクリックすると、印刷を開始します。

［フルページサイズのスライド▼］をクリックして、
1ページあたりのスライド枚数を選択します

①フルページサイズのスライド

スライドそのままを印刷したい場合に選択します
ちょうど紙芝居のように1枚の紙に1スライドが印刷されます

配布資料を印刷したい場合は、配布資料を選択し、印刷用紙1枚に印刷するスライド枚数を選びます

②ノート

スライドと一緒にノートに記入したメモも印刷したい場合に選択します

図5-23a　主な印刷対象の印刷プレビューと設定

③アウトライン

スライドではなくコンテンツを廃して、文字だけのアウトラインを印刷したい場合に選択します

④配布資料（3スライド / ページ）

スライドの横に線の入ったメモ用の領域が印刷されます

⑤配布資料（6スライド / ページ）

②の（3スライド / ページ）以外の「配布資料」では、指定したスライド枚数が印刷用紙1枚に縮小されて並びます

●ヘッダーについて

②、③、④、⑤は、ヘッダー（「第5章 PowerPoint」という文字）が左上に表示されています（ヘッダーについては 5.5.4 を参照）
印刷画面からヘッダーを設定するには、[ヘッダーとフッターの編集]→[ヘッダーとフッター] ダイアログボックス→[ノートと配布資料] タブ→[ヘッダー] 部分に文字を入力します

図5-23b　主な印刷対象の印刷プレビューと設定

　それでは、最後に、この章で学んだPowerPointのスライド作成のプロセスを振り返って、その要点を示します。

▼スライド作成のプロセス

☑ スライド作成
　　文字に加えて適度に図などのコンテンツを利用し、ベースとなるスライドを数枚作成します。

☑ スライドの組み立て
　　プレゼンテーションを通して、自分が何を伝えたいのかを確認し、それが相手に明確に伝わるよう、スライドを構成します。

☑ スライドを仕上げる
　　テーマを適用して、スライドの見栄えを変化させます。テーマによって変更になった文字の折り返しやフォント・配色を検討し、会場で映写した際に聞き手から見やすいかを考え、よりよく仕上げていきます。

☑ スライド提示
　　スライドショーやリハーサルの機能を使ってスライドを提示し、会場で話す内容を頭に浮かべながら、スライドを確認します。この際、スライド全体やスライド内のリストなどが話しやすい順番になっているかなどを細かく確認していきます。
　　さらに自ら聞き手の立場になって、スライドの内容・見栄えの検討を重ねます。仕上がってきたら、発表者ツールを使ったより効果的な提示の方法を検討したり、説明方法を練習するのもよいでしょう。

☑ 印　刷
　　スライド提示で聞き手と話し手の双方の立場からスライドを検討し、でき上がったものを資料として印刷します。もちろん、一度スライド提示の行程で仕上げたスライドを自分用に印刷して、何度も繰り返し話す練習をするのもよいでしょう。

◆引用文献

三省堂編修所、2010『コンサイスカタカナ語辞典 第4版』、三省堂

鈴木栄幸・加藤浩、2008「プレゼンテーションの対話的構成過程に
　　関する事例研究」『メディア教育研究』第4号第2号、pp.53-70

鈴木栄幸、2001「コラム5　対話としてのプレゼンテーション」
　　加藤浩著『文科系のための情報学シリーズ　プレゼンテーションの実際』、培風館、pp.35-48

索 引

●記号・数字●

$（セル参照）（Excel） 131
％（パーセンテージ）（Excel） 122
＆ 演算子（Excel） 126
-（減算）（Excel） 122
*（乗算）（Excel） 122
*（ワイルドカード）（Excel） 164
／（除算）（Excel） 122
？（ワイルドカード）（Excel） 164
^（べき乗）（Excel） 122
＋（加算）（Excel） 122
＜（未満）（Excel） 136
＜＝（以下）（Excel） 136
＜＞（等しくない）（Excel） 136
＝（数式の始まり）（Excel） 122
＝（等しい）（Excel） 136
＞（より大きい）（Excel） 136
＞＝（以上）（Excel） 136
100％ 積み上げ棒グラフ 153
2 進数 60
3-D 効果（Word） 105
64bit ／ 32bit（OS） 25

●アルファベット●

ADSL 34
AES 35
Alt キー（オルトキー） 10
AND 関数（Excel） 169
AND 検索（Google） 41
AVERAGE 関数（Excel） 135

BackSpace（BS）キー（バックスペースキー） 6, 10
Backstage ビュー 67, 112, 198
BCC（メール） 44
bit 60
BMP 94
bps 35
byte 60

CATV 34
CC（メール） 44
CC（ライセンス） 58
COUNTA 関数（Excel） 135
COUNTIF 関数（Excel） 163
COUNT 関数（Excel） 135
CPU 23
Ctrl キー（コントロールキー） 10

DATE 関数（Excel） 189
Delete（Del）キー（デリートキー） 6, 10, 21
DNS 33
doc/docx（拡張子） 68

e-mail 43
Enter キー（エンターキー） 6
Esc キー（エスケープキー） 6
Excel 110
Excel の終了 115

FALSE（論理値：偽） 136

GB（ギガバイト） 60
GIF 94
Gmail 43

Google 40
Graphical User Interface（GUI） 4

HDD（ハードディスクドライブ） 23
HTML 55
HTML 形式（メール） 46
HTTP 38
https 40, 56

ICANN 33
IEEE802.11 34
IF 関数（Excel） 137, 168
IME 8
IME パッド 10
INDEX 関数（Excel） 172
Insert キー 10
INT 関数（Excel） 167
IP アドレス 33

JPEG ／ JPG 94
JPNIC 33

KB（キロバイト） 60

LAN 31
LTE 34

MAC アドレス 35
MATCH 関数（Excel） 172
MAX 関数（Excel） 135
MB（メガバイト） 60
Microsoft Edge 38, 39
Microsoft Office 2016 25
MIN 関数（Excel） 135
mp3（拡張子） 14

NOT 検索（Google） 41
NOW 関数（Excel） 189

Office suite 25
ONU（回線終端装置） 34
OR 関数（Excel） 169
OR 検索（Google） 41
OS 23
OS の 64bit と 32bit 25
Outlook 43

PC フォルダー 12
PNG 94
PowerPoint 198
PowerPoint の終了 200
Print Screen キー 10

RANK.EQ 関数（Excel） 163
RC4 35
ROUNDDOWN 関数（Excel） 166
ROUNDUP 関数（Excel） 166
ROUND 関数（Excel） 166

SD カード 23
SmartArt（PowerPoint） 209
SNS 55
Space キー（スペースキー） 6
SSD（ソリッドステートドライブ） 23
SSID 35, 36

SSL/TLS	35, 56
SUMIF 関数（Excel）	164
SUM 関数（Excel）	125
Tab キー（タブキー）	6
TB（テラバイト）	60
TCP/IP	31
TO（メール）	44
TODAY 関数（Excel）	189
TRUE（論理値：真）	136
txt（拡張子）	14
URL	39
USB メモリ	12, 13, 23
VLOOKUP 関数（Excel）	170
wav（拡張子）	14
Web サーバ	38
Web ページ	38, 40, 46
Web ページの閲覧履歴	41
Web メール	43
WEP	35
Wi-Fi	35
Wikipedia	42
WiMAX	34
Windows 10	4, 5, 39
Windows Update	52
Windows キー	6
Word	64
Word の終了	69
Word ファイルの拡張子	68
WPA ／ WPA2	35
WWW	38
WWW サーバ	38
Yahoo!	40
zip（拡張子）	21

●ア　行●

アウトライン（PowerPoint）	203
アウトライン（Word）	91
アクションセンター	5
アクセスポイント	34, 36
アクティブセル（Excel）	112
圧縮フォルダー	21
宛先指定（メール）	44
アドレス（WWW）	39
アドレスバー（Edge）	39
アニメーション設定（PowerPoint）	221
アプリケーションキー	6, 10
アプリケーションソフトウェア	5, 7, 25
網かけ（Word）	93
暗号化	56, 57
暗号化方式（無線 LAN）	35
アンダーライン（下線）	78
イタリック（斜体）	78
一覧表示（PowerPoint）	216
一般ドメイン名	40
入れ子（関数）（Excel）	168
印刷（Excel）	120, 191
印刷（PowerPoint）	229
印刷（Word）	73
印刷対象の設定（PowerPoint）	229
印刷の向き（Word）	75
印刷プレビュー（Excel）	120
インターネット	31
インターネット検索	41
インデント（Word）	81

ウイルス	48
ウイルス対策ソフト	52
上書き保存	16
エクスプローラー	12
閲覧履歴（Edge）	41
円グラフ	154, 160
演算子の優先順位（Excel）	122
炎上	56
お気に入り（Edge）	41
オート SUM ボタン（Excel）	129
オートシェイプ（Word）	98
オートフィル（Excel）	119
オートフィルオプション（Excel）	119
オフィススイート	25
オブジェクト	100, 186, 206
オペレーティングシステム（OS）	23
折れ線グラフ	154, 160
オンライン画像	96, 207
オンラインストレージ	36

●カ　行●

改ざん（情報セキュリティ）	47
概数（Excel）	166
回線終端装置（ONU）	34
回転ハンドル（Word）	95, 99
改ページ（Excel）	191
改ページ（Word）	79
改ページプレビュー（Excel）	121, 191
カウント（Excel）	135
鍵（暗号化）	57
拡張子	14
影効果（Word）	105
掛け算（Excel）	122
加算（Excel）	122
箇条書き	89, 203, 213
下線（アンダーライン）	78
画像の挿入（PowerPoint）	207
画像の挿入（Word）	94
画像ファイル形式	94
かな入力	8
画面キャプチャ	10
画面切り替え効果（PowerPoint）	221
画面構成（Excel）	111
画面構成（PowerPoint）	199
画面構成（Word）	67
カラーリファレンス（Excel）	123
関数（Excel）	124
関数の入れ子（Excel）	168
関数の挿入（Excel）	127
感染（マルウェア）	48
偽（FALSE）	136
ギガバイト（GB）	60
機種依存文字	45
キーボード	6
基本ソフト（OS）	23, 24
脚注（Word）	85
行（Excel）	113
行間の設定（Word）	79
行数の設定（Word）	75
共通鍵暗号方式	57
行頭文字（箇条書き）（Word）	89
行の挿入・削除（Excel）	142
行の高さ（Excel）	144
行の非表示と再表示（Excel）	143
行番号（Excel）	112, 113
切り捨て・切り上げ（Excel）	166
切り取り（Excel）	118
切り取り（Word）	71
キロバイト（KB）	60

索引

項目	ページ
クイックアクセスツールバー（Excel）	112
クイックアクセスツールバー（Word）	67
空文字列	138
クライアント・サーバシステム	32
クラウドサービス	37
クラッカー	47
グラフ（Excel）	153
グラフエリア（Excel）	156
グラフスタイル（Excel）	159
グラフタイトル（Excel）	156
グラフツール（Excel）	158
グラフの作成（Excel）	157
グラフの挿入（PowerPoint）	208
クリエイティブコモンズ	58
クリック	4
クリップボード	19, 71, 118
グループ化（図形）（Word）	102
形式を選択して貼り付け（Excel）	186, 187, 188
形式を選択して貼り付け（PowerPoint）	207
罫線（Excel）	149
罫線（Word）	92
桁数（関数）（Excel）	166
桁数（表示形式）（Excel）	147
現在の日時を調べる（Excel）	189
検索（Word）	74
検索（関数）（Excel）	170, 172
検索エンジン（インターネット）	40
検索オプション（Google）	41
減算（Excel）	122
公開鍵暗号方式	57
光学ドライブ	23
合計（Excel）	125, 164
校正機能（Word）	72
ゴシック体	218
個人情報	56
コピー（Excel）	118, 186
コピー（Word）	71
コピー（ファイル・フォルダー）	19
コピーライト	58
ごみ箱	21
コメントの挿入（PowerPoint）	227
コンテキストツール	67, 112
コンテンツの挿入（PowerPoint）	207
コンピュータウイルス	48
コンピュータネットワーク	31

●サ　行●

項目	ページ
最小化ボタン	67
最小値（Excel）	135
サイズ調整（行・列幅）（Excel）	144
サイズ変更ハンドル（Word）	95, 99
最大化ボタン	67
最大値（Excel）	135
削除（ファイル・フォルダー）	21
サーバ	32
サポート期間（ソフトウェア）	52
サムネイル（PowerPoint）	199
産業財産権	57
算術演算子（Excel）	122
散布図	155, 161
軸（グラフ）（Excel）	156, 158
時刻（Excel）	188
字下げ（Word）	81
四捨五入（Excel）	166
辞書（IME）	11
辞書（Word 校正機能）	72
シート（Excel）	113
シートの挿入・削除（Excel）	140
シートの非表示と再表示（Excel）	143

項目	ページ
シート見出し（Excel）	112
絞り込み検索（Google）	40
斜体（イタリック）	78
集計行（Excel）	178
集合棒グラフ	153
順位付け（Excel）	163
使用許諾契約	47
条件指定（Excel）	137, 163, 164
条件付き書式（Excel）	151
乗算（Excel）	122
小数点以下の桁数操作（Excel）	166
小数点以下の表示桁数（Excel）	147
肖像権	57
情報セキュリティ	47
情報の発信とモラル	55
除算（Excel）	122
書式設定（Word）	75, 85
書体	76, 148, 218
署名（メール）	45
シリアル値（日付と時刻）（Excel）	188
真（TRUE）	136
新規作成（Excel）	114
新規作成（Word）	70
シングルスペース	79
数式（Excel）	122
数式バー（Excel）	112, 115, 123
数値フィルター（Excel）	182
スクロール操作（マウス）	7
スクロールバー（Edge）	39
スタートメニュー	5
ステータスバー	67
図の順序設定（Word）	100
図の操作（Word）	95
図の挿入（PowerPoint）	206
図の挿入（Word）	94
スパイウェア	48
スペースキー	6
スペルチェック機能	72
スマートフォン使用の注意	54
ズーム（Excel）	112
スライド（PowerPoint）	196
スライド一覧（PowerPoint）	216
スライド作成（PowerPoint）	201
スライドショー（PowerPoint）	223
スライドの印刷（PowerPoint）	229
スライドの組み立て（PowerPoint）	211
スライドの配色・文字・効果（PowerPoint）	217
スライドの非表示設定（PowerPoint）	225
スライドマスター（PowerPoint）	219
スライドレイアウト（PowerPoint）	201, 203
脆弱性	52
整数への変換（Excel）	147
セキュリティ	47
セキュリティ関連Webページ	59
セキュリティホール	52
絶対参照（Excel）	131, 132
セル（Excel）	112
セル（Word）	93
セル参照（Excel）	123, 130, 133
セルの切り取り・コピー・貼り付け	118
セルの書式設定（Excel）	146, 151
セルの選択（Excel）	116
セルの挿入・削除（Excel）	143
セル範囲（Excel）	124
セル番地（Excel）	113, 123
ゼロデイ攻撃	52
全角文字	8, 9
選択（文字列）（Word）	70
線を引く（Word）	102

操作アシスト機能..192
相対参照（Excel）....................................130, 132
相談先（ネット犯罪）..53
ソフトウェアの更新..52

●タ　行●

ダイアログボックス..12
ダイアログボックス起動ツール............................68
タイトルスライド（PowerPoint）......................201
タイトルバー..67
タイミング機能（PowerPoint）........................225
ダウンロード..48
タグ（HTML）..55
足し算（Excel）..122
タッチ操作...4
タッチタイピング..10
タッチモード（PowerPoint）............................200
縦棒グラフ（Excel）..157
タブ（ツールバー）......................................68, 112
タブキー（Tab）...6
ダブルクリック..4
ダブルスペース..79
タブレット端末..54
タブレットモード（Windows）.............................5
段組み（Word）..82
単語の登録（IME）...11
段落記号（Word）..79
段落番号（Word）..90, 91

チェーンメール..46
置換（Word）...74
知的財産権..57
中央演算装置（CPU）..23
著作権...57
著作権関連Webページ..59

通貨表示（Excel）..146
通知領域..5
積み上げ棒グラフ..153
ツールバー..67, 112

定義ファイル（ウイルス対策）............................52
ディレクトリ型（検索エンジン）........................40
手書き文字入力..10
テキスト形式（メール）......................................46
テキストフィルター（Excel）............................182
テキストボックス（Word）...............................103
デザイン（PowerPoint）............................217, 219
デスクトップ...5
データ系列（グラフ）（Excel）..........................156
データ個数を調べる（Excel）............................163
データの抽出（Excel）.......................................182
データベース..175
データラベル（グラフ）（Excel）......................156
テーブル（Excel）..175
テーマの適用（PowerPoint）............................217
テラバイト（TB）..60
電子掲示板..55
電子署名...57
電子メール..43
テンプレート（Excel）......................................110
テンプレート（PowerPoint）....................198, 212
テンプレート（Word）..66

度数分布...162
トップページ..38
ドーナツグラフ..154
ドメイン名..33, 40
ドライブ..12, 24
ドラッグ＆ドロップ..4, 20
トラックバック..55

●ナ　行●

名前ボックス（Excel）..............................112, 113
名前を付けて保存..13
並べ替え（Excel）..180
なりすまし（情報セキュリティ）........................47

入力モード（IME）..8

塗りつぶし（Excel）..149

ネットショッピング・オークションの注意点......49
ネットワークルータ..34

ノート（PowerPoint）...............................200, 229

●ハ　行●

バイト...60
ハイパーリンク..38
配布資料（PowerPoint）...................................229
白紙の文書（Wordテンプレート）................66, 70
パスワード..51
パーセンテージ（Excel）...................................122
パーセント表示（Excel）...................................146
パソコン（パーソナルコンピュータ）..................4
パーソナルコンピュータの構成要素..................23
バックアップ..53
バックドア..48
発表者ツール（PowerPoint）....................223, 224
ハードウェアの抽象化（OS）..............................24
ハードウェアの取り外し....................................12
パブリックドメイン..57
貼り付け（Excel）......................................118, 186
貼り付け（Word）..71
半角文字..8, 9
ハンドルネーム..56
凡例（グラフ）（Excel）.....................................156

比較演算子（Excel）..136
光ファイバ...34
引き算（Excel）..122
引数（Excel）..124
ヒストグラム..162
左クリック..4
日付関数（Excel）..188
ビット...60
ビデオの挿入（PowerPoint）....................208, 210
非表示にする（行・シート）（Excel）................143
非表示にする（スライド）（PowerPoint）........225
ピボットテーブル（Excel）...............................183
描画キャンバス（Word）....................................98
描画ツール（PowerPoint）...............................206
描画ツール（Word）..97
表示形式（Excel）..146
表ツール（Word）..93
表示ボタン...67, 112
標準サイズ表示（PowerPoint）........................218
剽窃...64
標的型攻撃メール..48
表の挿入（PowerPoint）...................................208
表の挿入（Word）..92
平文...57

ファイアウォール..52
ファイル...12
ファイル共有ソフト..49
ファイルタブ..67, 112
ファイルの移動とコピー....................................19
ファイルの削除..21
ファイル名...14, 18
ファイルを開く..15
フィールド..175

フィッシング詐欺	49
フィルター（Excel）	180, 182
フィルタリング	52
フィルハンドル（Excel）	119
フォルダー	16
フォルダーの移動とコピー	19
フォルダーの削除	21
フォルダーの作成	16
フォント（Excel）	148
フォント（PowerPoint）	218
フォント（Word）	76
フォントサイズ	76, 78, 218
吹き出し（Word）	103
複合参照（Excel）	131
複数セルの選択（Excel）	117
不正アクセス	47
ブック（Excel）	113
フッター（PowerPoint）	219
フッター（Word）	75, 88
太字	76, 78
プライバシーポリシー	49
ブラウザ	38
ぶら下げ（Word）	81
ふりがな（Excel）	181
プレースホルダー（PowerPoint）	202
プレゼンテーション	196
フローチャート	138, 169
ブロードバンド	33
プロキシサーバ	32
ブログ	55
プロットエリア（グラフ）（Excel）	156, 158
プロトコル	31
プロバイダ（ISP）	33
プロポーショナルフォント	75
文章校正（Word）	72
文書の保存（Word）	68
分数の入力（Excel）	147
平均（Excel）	135
べき乗（Excel）	122
ページ区切り（Word）	79
ページ罫線（Word）	93
ページ設定（Word）	75
ページ番号（Word）	86
ページレイアウト（Excel）	121
ヘッダー（PowerPoint）	219, 231
ヘッダー（Word）	75, 88
ヘルプの使い方	192
編集画面（Word）	67
編集記号の表示／非表示（Word）	79
補助記憶装置	23
ポップヒント（Excel）	127
ホームページ	38
ホームポジション	7
ボリュームラベル	12
ボールド（太字）	76, 78

●マ 行●

マウスポインタ	4
マウスモード（PowerPoint）	200
マーカー機能	78
マスターの変更（PowerPoint）	219
マルウェア	47
右クリック	4
右ドラッグ	19
無線LAN	34
メガバイト（MB）	60
メモ帳	7

目盛線（グラフ）（Excel）	156
メーリングリスト・メールマガジン	43
メールアドレス	44
メールソフト	43
文字数の設定（Word）	75
文字入力モード	8
文字の色	78
文字の大きさ	76, 218
文字の入力	8, 70
文字の配置（Excel）	147
文字の配置（Word）	78
文字列の結合（Excel）	126
文字列のコピー・切り取り	71
文字列の選択（Word）	70
モデム	34

●ヤ 行●

優先順位（演算子）（Excel）	122
ユーザID	51
ユーザー辞書ツール（IME）	11
用紙設定（Word）	75
余白の設定（Word）	75

●ラ 行●

リスト番号（Word）	91
リハーサル機能（PowerPoint）	225
リボン（ツールバー）	68, 112
リボンの表示と固定	199
履歴の削除（Edge）	41
累乗（Excel）	122
ルータ	34
ルーラー（Word）	82
レイアウト（PowerPoint）	203
レコード	175
レーダーチャート	155, 161
列（Excel）	113
列の挿入・削除（Excel）	142
列の非表示と再表示（Excel）	143
列幅（Excel）	144
列番号（Excel）	112, 113
連続データの入力（Excel）	119
ログイン／ログアウト	51
ロボット型（検索エンジン）	40
ローマ字入力	8
論理式	136, 169
論理積・論理和	169
論理値	136

●ワ 行●

ワイドサイズ表示（PowerPoint）	218
ワイルドカード	164
ワークシート（Excel）	113
ワークシートの挿入・削除（Excel）	140
ワークシートの非表示と再表示（Excel）	143
ワードアート（Word）	97
ワーム（マルウェア）	48
割り算（Excel）	122
ワンクリック詐欺	49

- 本書の内容に関する質問は、オーム社ホームページの「サポート」から、「お問合せ」の「書籍に関するお問合せ」をご参照いただくか、または書状にてオーム社編集局宛にお願いします。お受けできる質問は本書の内容に限らせていただきます。なお、電話での質問にはお答えできませんので、あらかじめご了承ください。
- 万一、落丁・乱丁の場合は、送料当社負担でお取替えいたします。当社販売課宛にお送りください。
- 本書の一部の複写複製を希望される場合は、本書扉裏を参照してください。

JCOPY ＜出版者著作権管理機構 委託出版物＞

情報リテラシー教科書
―Windows 10/Office 2016 対応版―

2017 年 1 月 25 日　　第 1 版第 1 刷発行
2021 年 1 月 25 日　　第 1 版第 8 刷発行

監　　修　矢野文彦
発 行 者　村上和夫
発 行 所　株式会社オーム社
　　　　　郵便番号　101-8460
　　　　　東京都千代田区神田錦町 3-1
　　　　　電話　03(3233)0641(代表)
　　　　　URL　https://www.ohmsha.co.jp/

© 矢野文彦 2017

組版　トップスタジオ　　印刷・製本　図書印刷
ISBN978-4-274-21986-3　Printed in Japan

関連書籍のご案内

- 矢野 文彦 監修
- B5判・256頁
- 定価(本体1,900円【税別】)

Windows 8でのコンピュータ操作や、Office 2013活用などの基礎を学べます！

- 矢野 文彦 監修
- B5判・296頁
- 定価(本体2,200円【税別】)

Windows 8とOffice 2013にAccessを含めた活用などの基礎を学べます！

Excelで学ぶ統計解析入門 Excel 2016/2013 対応版

- 菅 民郎 著
- B5変判・376頁
- 定価(本体2,700円【税別】)

統計解析は最強のツール！統計解析機能の活用術を学べるExcelの一冊です！

- 山田 剛史・杉澤 武俊・村井 潤一郎 共著
- A5判・420頁
- 定価(本体2,700円【税別】)

統計ツール「R」の操作手順と統計学の基礎が身に付く充実の一冊です！

もっと詳しい情報をお届けできます。
◎書店に商品がない場合または直接ご注文の場合も右記宛にご連絡ください。

ホームページ http://www.ohmsha.co.jp/
TEL／FAX TEL.03-3233-0643 FAX.03-3233-3440

(定価は変更される場合があります)

B-1701-86